고독한 직장인의 자취 요리기

Cook Book

고독한 직장인의 자취 요리기

한태희 지음

(feat)
1평 좁은 주방

지클로북

CONTENTS

(레시피 계량과 무게 표기)

숟가락과
종이컵 계량

맛에 따라 양념을 가감하는 것이 익숙하지 않다면
저울, 계량스푼 등 표준 계량 도구를 사용하는 것
이 가장 좋습니다. 하지만, 상황에 따라 계량 도구
가 없는 경우를 대비하여 레시피는 흔히 사용하는
밥숟가락(10mL)과 종이컵(180mL)을 기준으로 정리
하였습니다. 표준 계량 도구가 있는 경우에는 아래
의 부피 내용을 참고하여 요리해 주세요.

1테이블스푼 = 15mL / 1숟가락 = 10mL

1계량컵 = 200mL / 1종이컵 = 180mL

모든 재료는 숟가락에 깎아 계량했습니다. 10mL
의 숟가락으로 된장을 듬뿍 푸면 15mL의 양이 계
량됩니다. 반면, 액상 조미료는 자연스럽게 깎아
계량되므로 10mL의 양만큼만 계량됩니다. 혼란을
방지하기 위해 설탕, 된장, 들깻가루 등의 양념 재
료도 동일하게 깎아 계량하였습니다.

재료 무게 표기

주재료와 재료 간의 비율이 중요한 레시피(유즈코쇼, 석탄주, 사과시럽 등)에는 무게를 함께 작성해 놓았습니다. 식재료를 구입할 때 표기된 무게를 참고하면 저울 없이도 쉽게 무게를 가늠할 수 있습니다. 채소의 경우, 중간 크기 ½개는 작은 크기 1개 무게로 계량하였습니다. 1인분으로 표기된 면의 양은 다음과 같습니다.

소면, 중면, 메밀 면, 칼국수 사리 등: 100g

파스타 면: 80g

＊표시

있으면 좋으나, 반드시 필요로 하는 재료가 아닌 경우, 해당 재료에 ＊를 표시해 두었습니다. 레시피에 사용된 재료는 저자와 반드시 동일한 제품을 사용할 필요 없이, 취향껏 대체하여 사용해도 좋습니다.

(좁은 주방 공간을 120% 활용한 수납 방법)

작은 주방의 자취 집에서도 매일 따뜻한 집밥을 해
먹을 수 있는 이유는 조리대는 깔끔하게 또 자주
사용하는 기물은 손닿기 쉬운 곳에 배치해 놓는 수
납 습관 덕분입니다. 좁은 주방 공간을 120% 활용
한 저의 수납 방법을 공유합니다.

양념

작업 공간을 최대한 넓게 사용할 수 있도록 조리대
에는 기본 양념인 소금과 조리유만 꺼내 놓고 나
머지 양념은 손이 닿기 쉬운 곳에 정리해 놓습니
다. 상온 양념은 개수대 아래에 양념 수납장을 만
들어 정리해 놓고, 냉장 양념은 냉장고 선반에 정
리해 놓습니다.

기본 조리 도구

자주 사용하는 기본 조리 도구는 잘 보이는 곳에 걸어 놓습니다. 조리 시간이 훨씬 짧아집니다. 또한, 물에 닿아 변색될 수 있는 나무 재질의 조리 도구는 세척 후 걸어 놓는 것만으로도 더 오래, 깨끗하게 사용할 수 있습니다.

냄비와 건조 식재료 냄비와 소면, 파스타 면, 쌀 등의 건조 식재료는 리빙 박스(냉장고 트레이)에 세워 보관합니다. 공간 차지도 덜하고 사용이 편리합니다.

접시 냄비와 마찬가지로 접시를 쌓아 보관하면 꺼내기가 불편하고 다시 정리해 놓기도 어렵습니다. 길이 조절이 가능한 간이 선반을 놓아 그릇을 모양에 따라 분리하여 보관해 놓습니다.

틈새 공간 활용   수납장 문 안쪽에 접착식 후크를 붙여 놓으면 고무
장갑, 병솔, 음식물 쓰레기 봉투, 봉지 집게 등 소
도구를 보관해 놓을 수 있습니다. 공간이 높은 수
납장에 압축 선반을 설치하면 공간을 두 층으로 분
리하여 사용할 수 있습니다.

('일당백' 조리 도구와 식기구)

자취 요리를 더욱 쉽게 해주는, 활용도가 높은 일
당백 기물의 특징을 소개합니다.

칼

칼은 안전하고 편리하게 사용할 수 있도록, 짧은
것으로 구비하는 것이 좋습니다. 일반 가정용 칼
의 날 길이는 약 20cm이며 칼 전체의 길이는 33cm
를 웃돕니다. 칼이 길면 재료를 깔끔하게 썰 수 있
다는 장점이 있지만 좁은 자취 집 주방에서 사용하
기에는 다소 불편할 수 있습니다. 칼날 길이 18cm
이내로도 충분합니다.

핸드믹서

한번 구입하면 오래 사용하는 핸드믹서는 주스를
갈아 마시거나 수프를 만드는 등 다양하게 사용됩
니다. 핸드믹서를 구입할 때 초퍼(다짐 통)가 있는
것을 구입하면 많은 양의 채소를 다져야 할 때 아
주 편리합니다.

감자 칼	감자나 당근 껍질을 제거할 때 사용하는 감자 칼은 당근라페, 오이무침처럼 재료를 얇게 썰거나 채 썰 때도 요긴하게 쓸 수 있습니다.
냄비와 팬	최근에는 냄비도 코팅이 잘 되어 있어서 팬이 따로 필요 없을 정도입니다. 넓적한 볶음용 팬 또는 냄비 1개와 좁은 냄비 1개를 구비해 놓으면 웬만한 요리는 모두 가능합니다. 넓적한 볶음용 팬 또는 냄비는 필요에 따라 팬으로 사용하기도 하고 냄비로 사용하기도 합니다. 좁은 냄비는 오래 끓여야 하는 요리(묵은지지짐, 비스큐 소스)와 라면을 끓일 때 좋습니다. 뚜껑은 유리로 되어 있어야 요리의 과정을 지켜볼 수 있어 편리합니다. 특히, 냄비 밥을 지을 때 유리 뚜껑을 추천합니다.

깊은 접시

파스타 볼, 샐러드 볼, 다용도 볼, 삿갓 면기 등의 이름으로 불리는 18cm 내외의 깊은 접시는 필요에 따라 다양한 모습으로 변신할 수 있습니다. 파스타나 샐러드를 담기에도 적당한 깊이이며 비빔국수, 덮밥 등 한 그릇 요리에 더할 나위 없이 알맞은 크기입니다. 또 여러 명이 함께 식사를 할 때는 메인 요리 접시로도 충분합니다.

작은 고무 주걱

'JAJU' 또는 '무인양품'에서 구입할 수 있는 작은 고무 주걱은 큰 식기구를 잘 사용하지 않는, 1인분 요리에 알맞은 크기입니다. 특히 적은 양의 양념을 만들 때, 소용량 소스 제품 속에 남은 내용물을 덜어 낼 때 편리합니다.

받침이 있는 채반

손으로 들고 있을 필요 없이, 개수대에 편하게 거치해 놓을 수 있는 받침이 있는 채반을 구입하면 좁은 주방에서도 면 요리가 쉽습니다.

●●●

1장

퇴근 후,

나를 위한

소중한 한 접시

퇴근 후, 나를 위한 소중한 한 접시

(잔치국수)

(애호박비빔국수)

일요일 아침, 세 살배기 아가일 때부터 엄마를 따라 교회에 갔다. 엄마와 내가 다니던 교회는 그 당시 아주 작은 교회였다. 교회에서 점심을 주는 게 일반적인지는 모르겠지만 이곳은 일요일 점심이면 국수를 배식했다. 나는 17년간 주말마다 국수를 먹었다. 덕분에 아주 오랫동안 궁금증을 갖고 살았다.

'목사님은 국수 덕후인가?' 혹은 교인이 많아져도 삶은 국수에 육수와 고명만 올려 나가면 되는 비교적 간단한 조리법 때문인지도 몰랐다. 아주 가끔 국수에 질릴 대로 질려 버린 권 사님에 의해 백반이 나오기도 했지만, 금세 국수로 돌아갔다. 나중에 알게 된 사실이지만, 목사님네 가족은 쌀을 살 수 있는 여유가 없어 평일에도 국수를 먹었다고 한다.

점심 식사는 부녀회에서 그룹을 이루어 돌아가며 준비했는데, 어느 집사님이 집도하느냐에 따라 잔치국수의 맛은 천차만별이었다. 육수가 밍밍해서 무미 무취의 면을 씹어 넘겨야 하는 날도 있었다. 볶음김치와 조미 김을 올려 칼칼하고 감칠맛있는 날도 있는가 하면 간장 양념만 무심하게 뿌려 깔끔하게 나온 날도 있었다. 집마다 국수 스타일이 어찌나 다른지, 지금 생각해 보니 집사님들의 고향과 국수 스타일을 데이터화 하면 식문화 논문 한 편도 뚝딱 나오지 않을까 싶다. 다양한 국수 중에서도 내가 가장 좋아했던 스타일은 애호박볶음과 지단이 따로 조리되어 면 위로 가지런히 얹어진 국수였다. 애호박의 단맛으로 달짝지근해진 육수에 지단의 고소한 맛이 더해져서 볶음김치를 올리지 않고 생김치를 얹어 먹어도 충분히 맛있었다. 맛도 맛이지만 재료 본연의 색이 망가지지 않게 따로 조리하여 올라가 있는 한 그릇이 너무 정성스럽게 느껴졌다.

지금은 서울에서 직장 생활을 하고 있어 그 교회에 나가지 않는다(현재는 마음속에 酒님을 모시고 있다). 직장인이 된 지 4년 차가 되었을 무렵, 비 오는 일요일 저녁에 따끈한 잔치국수 한 그릇이 생각났다. 그동안 퇴근 후에는 배달 음식과 각종 인스턴트로 저녁을 때우는 게 익숙했다. 그날따라 그렇게 무심히 지나치기엔 나의 저녁 한 끼가 소중하다는 생각이 들었다. 예배를 드리러 온 또는 점심 한 끼를 때우러 온 노숙자분들을 위해 봉사하던 집사님들의 정성을 나의 저녁 한 그릇에 녹였다. 회사에서는 내 작고 소소한 의견 하나도 업무에 담아내려면 설득해야 할 시어머니(상사)가 한둘이 아닌데, 집에서는 양송이 수프에 밥을 비벼서 김치 올려 먹는다고 욕할 사람이 아무도 없으니 이 얼마나 편안하고 소중한 한 끼란 말인가?

　　면 요리는 부담 없이 1인분만 요리하기 좋고(물론 항상 1.5 인분이 되는 마법을 부린다. 면은 빨리 소화되니까 괜찮다) 건조 식재료라 사용하고 남은 재료가 썩지도 않는다. 또 그릇에 담아 놓으면 다른 반찬이 없어도 완성된 한 상을 느낄 수 있다. 소면, 중면, 메밀 면, 우동 사리, 파스타 면 그리고 다이어트를 할 때는 통밀 파스타 면, 두부 면, 곤약 면까지 종류도 많아 상황에 따라 필요한 면을 골라 뚝딱뚝딱 잘 해먹기 좋은 요리이다.

(잔치국수)

재료	조리법

애호박 ¼개
양파 약간*
식용유 0.5순가락
꽃소금 1꼬집

❶ 애호박 고명 만들기 애호박과 양파는 곱게 채 썬다. 팬에 식용유를 두르고 채 썬 애호박과 양파를 투명하게 볶으며, 꽃소금 간을 한다. 도마 한 켠에 볶은 애호박 고명을 펼쳐 놓고 팬은 키친타월로 한번 닦는다.

계란 1개
꽃소금 1꼬집

❷ 지단 고명 만들기 컵에 계란과 꽃소금을 풀어 준다. 채소를 볶은 팬에 지단을 부친다. 지단도 도마 위에 올려놓고 식으면 채 썬다.

소면 1인분

❸ 소면 삶기 냄비에 물을 반만 채워 끓인다. 끓는 물에 소면을 넣어 3분 30초 삶는다. 삶는 동안, 끓어 넘칠 것 같이 거품이 올라오면 찬물을 조금씩 넣어 준다. 익은 소면은 미온수로 헹궈 밀가루 내를 씻어 낸다. 양손으로 면의 물기를 짜내고 그릇에 담는다.

재료

찬물 3종이컵
멸치 다시 팩 1개
국간장 1순가락
소금 ¼순가락

조리법

❹ **육수 만들기** 냄비에 찬물과 다시 팩을 넣고 불을 올린다. 물이 끓기 시작하면, 약불로 줄여 15분 정도 멸치 육수를 우려낸다. 국간장과 소금으로 간을 맞춘다.

❺ **그릇에 담기** 소면 위로 애호박볶음과 지단을 올리고 따뜻한 육수를 한쪽으로 조심히 따른다. 김치와 곁들여 먹는다.

자취 요리 TIP

- 화구가 1~2개밖에 없는 주방에서 따뜻한 육수를 따로 조리하는 것은 쉬운 일이 아니다. 마음의 여유를 갖고 고명을 먼저 만들어 놓고 소면 삶기, 육수 끓이기 순으로 조리한다. 면이 붓는 것이 걱정된다면 시중에 판매하는 '진공 소면'을 추천한다.

- 육수는 시판되는 멸치 육수라면 뭐든 좋다. 단시간에 멸치의 진한 맛을 원한다면 물 3종이컵에 멸치 다시다 1스틱(5g)을 사용한다. 깔끔하고 깊은 맛의 정성을 더하고 싶다면 '국민 육수 다시 팩'을 추천한다.

그날따라 그렇게 무심히 지나치기엔

나의 저녁 한 끼가 소중하다는

생각이 들었다.

(애호박비빔국수)

재료

애호박 ½개
양파 ½개
참기름 1숟가락
다진 마늘 1숟가락
고춧가루 1숟가락
물 ½종이컵
연두 2숟가락
깨소금 약간*

중면 1인분

조리법

❶ **애호박 볶기** 애호박과 양파를 0.5cm 두께로 채 썬다. 예열된 팬에 참기름, 다진 마늘, 고춧가루, 양파, 애호박을 넣고 볶는다. 채소가 투명해지고 기름이 고추기름처럼 빨개지면 물, 연두를 넣고 강하게 끓인다. 수분이 자작하게 남았을 때 깨소금을 넣어 마무리한다.

❷ **중면 삶기** 냄비에 물을 반만 채워 끓인다. 끓는 물에 중면을 넣어 4분 삶는다. 삶는 동안, 끓어 넘칠 것처럼 거품이 올라오면 찬물을 조금씩 넣어 준다. 익은 중면은 미온수로 헹궈 밀가루 내를 씻어 낸다. 양손으로 면의 물기를 짜내고 그릇에 담는다.

❸ **그릇에 담기** 삶은 중면 위로 애호박볶음을 붓는다. 짜장면처럼 젓가락으로 비벼 먹는다.

자취 요리 TIP

- 삶은 소면과 중면을 찬물에 헹궈 내는 것은 면의 밀가루 냄새를 제거하고 더욱 쫄깃한 식감을 만들어 내기 위한 과정이다. 이때 찬물에 헹궈 낸 소면을 뜨거운 육수에 바로 넣으면 음식이 금방 식어 버린다. 바로 먹을 음식이라면, 찬물에 헹궈 낸 뒤 뜨거운 물로 살짝 면의 온도를 높여 주거나, 면을 미온수에 헹궈 낸다.
- 헹궈 낸 면의 물기를 잘 제거해 주지 않으면, 양념이나 육수를 더했을 때 맛이 싱거워지기 쉽다. 양손 또는 채반을 사용하여 물기를 잘 제거한다.

그릇에 담아 놓으면 다른 반찬이 없어도

완성된 한 상을 느낄 수 있다.

회사원의 애환, 치킨

(집코바와 주먹밥)

(냉이누룽지백숙)

내일은 출근하지 않아도 되는 날이다. 금요일 밤에는 퇴근 전부터 치킨을 주문할 생각에 입속에 침이 고인다. 달콤 짭조름한 허니 콤보를 주문할까? 기본에 충실한 황금올리브 치킨을 시킬까? 아니면 지코바 숯불 양념치킨에 밥을 비벼 먹을까? 그 어느 때보다 진지하게 고민하느라 회의 내용이 잘 들어오지도 않는다. 치킨이 집에 오는 시간을 계산하여 능숙하게 치킨을 주문해 놓는다. 고생스러웠던 한 주간의 일을 따뜻한 물로 씻어 내고 주말을 새로운 마음으로, 치킨과 함께 시작한다.

언제부터 치킨이 이렇게 일상적인 음식이 되었을까? 과거를 거슬러 생각해 보면 직장인이 되었던 첫해에는 월급날에 치킨을 시켜 먹었다. 좋아하는 치킨을 내가 번 돈으로 마음대로 시켜 먹을 수 있을뿐더러, 이제는 혼자 사니 배달 음식을 먹는다고 잔소리할 사람도 없었다. 한 달에 한 번, 즐거운 월급날에 먹던 치킨이 보다 일상적인 음식이 된 것은 고된 하루의 포상처럼 치킨을 먹을 때부터이다. 저녁도 못 먹고 야근한 날, 어처구니없는 실수를 한 날, 펀데이 스케줄(반기 중, 하루를 할애하여 팀끼리 즐거운 시간을 보내는 프로그램. 야구 경기 관람, 마사지, 캠핑 등 자유롭게 일정을 구성할 수 있다)을 짜다가 운 날, 사장님 보고를 말아먹은 날 등. 숱하게 많다.

　사회 초년생 때, 함께 일했던 과장님은 프로젝트가 어려운 상황에 직면하면 우스갯소리로 "태희야 내일부터 치킨 튀기게 재료 준비해라." 하는 농담을 종종 던졌다. 그런 농담이 오갔던 날, 나는 직장 동료와 호프집에서 바삭하게 튀긴 통닭과 생맥주를 먹으며 회포를 풀었다.

　첫 직장 근처에는 오래된 호프집이 많았다. 야근 후 노포에 가면 임원으로 보이는 나이 지긋한 분부터 20대 신규 입사자까지 다양한 연령대의 회사원이 맥주잔을 기울이고 있었다. 직장인에게 치킨이 일상적인 음식이 되는 것은 당연한 순리였을지도 모른다.

　일상식이 되어 버린 것과 반대로 어린 시절 치킨은 생일에만 먹는 특별한 음식이었다. 남들이 흔히 말하는, 아빠 월급날의 따뜻한 프라이드치킨은 없었지만, 아빠는 퇴근길에 종종 실한 토종닭 한 마리를 사 오곤 했다. 토종닭을 건내 받은 엄마는 항상 뽀얀 백숙을 끓였고 아빠는 당연한 듯 목장갑에 비닐

장갑을 끼고 앉아, 푹 삶아진 닭고기를 쭉쭉 찢어 소금장에 콕 찍은 후 언니와 내 입으로 넣어 주었다. 엄마와 아빠의 닭백숙은 즐거운 날의 음식이었을까? 고단한 하루의 음식이었을까?

　　최근에는 끝을 모르고 치솟는 물가 때문에 치킨 한 마리를 배달시켜 먹는 것도 부담이 된다. 치킨이 생각나는 밤, 소량 주문이 가능한 닭강정을 찾거나, 치킨을 한 조각 단위로 구입할 수 있는 패스트푸드점으로 간다. 조금은 덜 부담스러운 가격의 치킨을 찾다 보니, 이래저래 먹을 수 있는 메뉴가 줄어들어 집에서 만들어 먹기 시작했다. 많은 양의 기름이 필요한 프라이드치킨을 집에서 만들기는 어렵지만, 숯불 양념구이는 비교적 따라 하기 쉽다. 놀랍겠지만 그렇다.

　　진짜 '숯' 향을 집에서 내겠다는 것은 욕심이고 흔히 불향이라 느끼는, 건열조리에서 발현되는 복합적인 풍미를 내겠다고 접근하면 쉽다. 맛있는 한 끼를 먹자고 자취 집에서 위험하게 토치를 쓰거나, 효과도 애매한데 연기를 내가며 간장을 태우는 방식은 싫다. 나는 고기를 기름이 아닌, 설탕에 굽는 방식으로 복합적인 풍미를 만든다.

    이 방법은 미국에서 일할 때, 인도계 친구가 카레를 끓이며 사용한 방식이다. 기름을 두르지 않고 설탕에 고기를 구워 내는 방법이 그 당시에는 정말 충격적이었는데, 지금은 자취 집에서 애용할 만큼 편리하게 사용하고 있는 방법이다. 시간은 조금 걸리지만, 연기를 내가며 요리할 필요가 없고, 중약불에서 천천히 볶아 주기만 하면, 복잡스런 풍미가 확실하게 만들어진다.

    건열조리에서 발현되는 복합적인 풍미는 대개 마이야르 반응(Maillard reaction)에 의한 풍미이다. 마이야르 반응은 식품 내 당류와 아미노산이 열에 의해 재배치되는 과정인데, 이때 매우 복잡하고 새로운 풍미 분자가 만들어진다. 설탕은 당류이고 닭고기는 단백질(아미노산)이니, 여기에 열을 가하면 설탕이 캐러멜화 되며 나는 향미까지 더해져 더욱 복잡스런 풍미가 만들어진다.

    오늘은 집코바로 최소 만 원은 아꼈으니, 내일은 동기와 즐겁고도 고생스러운 나의 직장 생활을 논하며 통닭에 생맥주를 기울여야겠다.

(집코바와 주먹밥)

재료	조리법

대파 ½대
청양고추 2개

❶ **재료 준비하기** 대파와 청양고추는 1cm 두께로 송송 썬다.

양념 재료:
고춧가루 1.5숟가락
청주 1숟가락
진간장 2숟가락
케찹 1숟가락
굴 소스 1숟가락
요리당 3숟가락

설탕 2숟가락
닭다리살 3장
다진 마늘 1.5숟가락
다진 생강 약간

❷ **집코바 굽기**
· 치킨 양념 재료를 한 곳에 섞는다. 팬에 기름 없이 설탕을 넣고 중불에서 젓지 않고 천천히 녹인다. 설탕이 녹으면 중약불로 불을 줄인다. 닭다리살 3장을 넣어 앞뒤로 노릇하게 굽는다.
· 가위를 이용하여 닭다리살을 한입 크기로 썬다. 다진 마늘, 다진 생강, 송송 썬 대파와 청양고추를 넣어 천천히 볶는다.
· 대파가 완전히 익으면 섞어 놓은 양념 재료를 넣고 5분 동안 조린다.

밥 1인분
후리가케 1숟가락
김 가루 약간
마요네즈 2숟가락

❸ **주먹밥 만들기** 따뜻하게 데운 밥에 후리가케, 김 가루, 마요네즈를 섞고 한입 크기로 빚는다. 주먹밥을 집코바를 구웠던 팬의 한쪽에 담는다.

자취 요리 TIP

- 물엿은 크게 이온물엿, 황물엿으로 나뉜다. 이때 이온 교환 과정을 통해 맑게 정제되어 깔끔한 색과 맛을 내는 이온물엿이 우리가 아는 맑은 물엿이고 이온 교환 과정을 거치지 않아 엿 고유의 풍미가 있는 것이 황물엿이다.
- 시중에 판매하는 액상당의 종류는 제품명을 기준으로 물엿, 쌀엿, 올리고당, 요리당 등 다양한데 설탕과 달리 요리에 맛깔스러운 윤기를 더해 준다. 자취 집에 여러 종류의 액상당을 두고 사용하기 어려우니, 아래의 감미도를 참고하여 사용량을 가감한다.

  [꿀/설탕 20g = 요리당 30g = 쌀엿/물엿 80g = 올리고당 100g]

나에게 치킨은 야근한 날, 무언가 속상한 일이 있던 날,

유난히 고된 하루를 보낸 날의 포상이다.

(냉이누룽지백숙)

재료	조리법

냉이 10뿌리
마늘 5쪽

❶ 재료 손질하기 냉이는 물에 담궈 10분 정도 불린 뒤, 칼끝으로 뿌리와 잎 사이에 낀 흙을 긁어낸다. 냉이를 깨끗한 물에 담궈 여러 번 흔들어 씻은 뒤, 잎이 서로 붙어 있도록 뿌리만 자른다. 마늘은 꼭지를 제거한다.

통닭다리(장각) 1개
물 3종이컵
연두 2숟가락
누룽지 2종이컵

❷ 백숙 삶기
· 냄비에 통닭다리, 냉이 뿌리, 마늘, 물, 연두를 넣고 강불에서 한소끔 끓인다. 뚜껑을 닫고 중약불에서 15분 더 끓인다.
· 닭이 완전히 익으면 누룽지를 넣고 뚜껑을 닫아 3분 더 끓인다. 누룽지가 죽처럼 퍼지면 냉이 잎을 넣고 뚜껑을 닫아 2분 끓인다.

간장 1숟가락
식초 1숟가락
설탕 1숟가락
연겨자 0.5숟가락

❸ 양념 만들기 종지에 간장, 식초, 설탕을 넣어 섞고 한 켠에 연겨자를 담는다.

자취 요리 TIP

- 백숙을 끓일 때 꼭 삼계탕 약재 팩을 넣지 않더라도 쌍화탕이나 향이 진한 채소를 활용하면 닭 누린내가 없는 담백한 백숙을 끓일 수 있다.
- 누룽지 대신 찹쌀(2):녹두(1)를 불려 놓았다가 죽으로 끓여도 좋다.

엄마와 아빠의 닭백숙은 즐거운 날의 음식이었을까?

고단한 하루의 음식이었을까?

숙취와 위장내시경

(전자레인지 당근수프)

(무조림덮밥)

마음속의 주(酒)님을 모시고 있다 보니, 술을 마시는 일이 잦았다. 일주일 동안 술을 마시지 않는 날을 세는 것이 더 쉬웠다. 와인, 청주, 사케, 소주, 소추, 백주, 막걸리, 맥주 등… 술은 종류를 가리지 않고 좋아했다. 그렇게 4년을 마시다 보니, 4시간 지속되던 숙취가 하루가 되었고, 그다음에는 하루가 지나도 해결되지 않았다. 숙취가 정말 심했던 날, 숙취에 몸부림치며 수십 번의 금주를 결심했다. '내가 진짜 술 한 번만 더 마시면 인간이 아니다. 하나님 아버지 제발 이 시련을 이겨 낼 수 있는 힘을 주시옵소서. 다시는 마시지 않겠습니다.' 애석하게도 그 마음의 결심은 얼마 가지 않았고 인간이기를 포기한 순간이 셀 수 없이 많았다.

직장 근처 약국의 8할은 숙취 해소제 맛집이다. 효과가 빠르고 확실한 약을 구비해 놓는다. 숙취 해소제 가격이 만 원을 웃도는 수준이더라도 당장 오늘 하루를 살아 내야 하는 직장인들은 약국을 찾는다. 약으로 해결이 되지 않는 날은 근처 병원에서 비타민 주사, 수액을 맞기까지 한다. 나도 딱 한 번 비타민 주사를 맞으러 병원을 찾았던 적이 있었다.

좋아서 마시는 술 때문에 주사까지 맞아야 하는 현실을 마주하고 나니 문득 나의 건강 상태가 걱정됐다. 술 때문에 속이 쓰려서 위장내시경을 했더니, 식도부터 위벽까지 모두 새하얗게 염증이 올라와 있었더라는 후배의 경험담이 머릿속을 스쳤다. 그해 건강검진 차트에 위장내시경과 대장내시경을 추가했다.

그동안 내시경이 무서웠던 이유는 비용에 대한 부담감도, 모르는 사람 앞에서 엉덩이를 까야 하는 수치심도 아닌 수면마취 때문이었다. 대장내시경 중에 개똥벌레 노래를 불렀다는 사람, 의사 선생님께 고백했다는 사람의 경험담으로 내 마음 한 켠에는 수면마취에 대한 두려움이 자라나고 있었다. 혹시 술 먹고 이상한 주사를 부리는 제2의 자아가 수면마취 중에 깨어나는 것은 아닐까?

내시경 전날, 병원에서 준 관장약을 받아 비장한 마음으로 퇴근했다. 다시마 진액같이 끈적이고 이상한 맛이 나는 관장약은 먹는 것부터 곤욕이었다(장 속을 비워 냈던 힘겨운 과정은 괄호 안에 담아 두고). 장세척이 끝나면 물도 못 마시는데 탈수 증세

가 와서 입술이 파르르 떨렸다.

　내시경 당일, 걱정 반 자포자기한 마음 반으로 검사실에 들어가 수면마취를 받았다. 평소 술을 많이 마시면 수면마취가 빨리 깬다는 이야기를 왜 진작 알지 못했을까? 나의 걱정과 염려에 부응하듯, 내시경 중에 마취가 깨버렸고 나는 비몽사몽인 와중에 목에 들어 있던 내시경 선이 거슬렸는지 손으로 카메라 선을 잡아당겼다. 의사와 간호사의 다급한 목소리가 크게 들렸다.

　"환자분! 환자분! 그러시면 안 돼요, 한태희 님!"

　검사실 밖에는 나의 다음 순서로 직장 동료가 대기하고 있었다. 참으로 민망한 순간이었지만 어쩐지 이상한 헛소리를 한 것은 아니라는 것에 내심 안심이 되었고 마취가 대장내시경 중에 깨지 않은 것에 감사한 마음마저 들었다.

　결과실에서 의사 선생님이 나에게 질문했다. "왜 하셨어요?" 너무 깔끔해서 굳이 하지 않아도 될 검사를 왜 했냐는 의미였다. "술을 많이 먹어서 했습니다. 주에 다섯 번은 먹는 것 같습니다."라고 답했다. 의사 선생님은 내게 쓴소리도 없이

"술 마시기 전에 먹으면 좋은 것이 있습니다." 하고 다시마 액 성분의 위 보호 현탁액을 두 박스나 처방해 주셨다. 의사 선생님도 애주가임이 틀림없었다. 처방받은 현탁액은 직장가 숙취 해소제 맛집에서 구입한 것보다 효과가 탁월해서 한동안 회식 잇템(it item)으로 추앙받았다.

건강검진이 끝난 날, 빈속이니 첫 끼는 무리하지 말고 죽을 먹으라고 하는데… 죽은 죽을 만큼 아프지 않고서야 먹고 싶지 않았다. 원인 모를 장염이나 위경련 때문에 죽을 먹어야 하는 순간이 오면 그렇게 억울하지 않을 수 없다. 건강검진이 끝나고 빈속인 날 또는 숙취로 고생하는 날은 부드럽고 담백한 그리고 든든하고 맛있기까지 한 음식이 무엇일지 머릿속을 바삐 굴린다.

부드럽고 담백한데 든든하고 맛있는 것. 그것은 뿌리채소다. 푹 익히면 부드럽고 달콤하면서도 속을 든든히 채워 준다. 고등어조림, 갈비찜에 들어간, 양념이 쏙 밴 부드러운 무 한 조각은 차가운 속을 따뜻하게 달래 준다. 들깻가루를 넣어 조리듯 볶아 낸 무나물과 빨갛고 새콤하게 무친 무생채는 계

란 비빔밥으로 변신하여 야심한 밤, 배고픈 속을 든든하게 채
워 준다. 상상만 해도 입에 침이 고인다.

　　어릴 적부터 무를 참 좋아했던 것과 달리 당근은 정말 싫
어했다. 당근을 좋아하는 사람이 몇이나 있을까? '당근정말시
러'라는 유명 요리 블로거가 있을 정도이다. 당근을 좋아하게
된 것은 식재료 기초연구를 하던 시절, 산지 조사 차 제주도로
출장을 갔을 때이다. 성질이 고약한 할아버지의 어린 시절을
듣고 할아버지를 이해하게 된 것처럼, 당근의 일생을 이해하고
나니 그 맛과 향을 좋아하게 되었다. 요리에 색을 내기 위해 사
용하지 않고 당근을 주재료로 요리에 사용하기 시작했다. 양념
을 더해 생채를 만들거나 갈아서 양념으로, 푹 쪄서 수프로. 당
근 본연의 묵직한 단맛과 상큼한 향을 살린 요리는 당근을 싫
어했던 시간만큼이나 더욱 애정이 간다.

Recipe

(전자레인지 당근수프)

52

재료	조리법

재료

사워 브레드
당근 ½개
고구마 ¼개
양파 ¼개

버터 1숟가락
우유 1종이컵
연두 1숟가락

생크림*
올리브오일
통후추 약간

조리법

❶ **재료 준비하기**　사워 브레드는 1.2cm 두께로 썰어 180℃의 에어프라이어에 10분 굽는다. 또는 중약불의 팬에 노릇하게 굽는다. 당근과 고구마는 껍질을 제거하고 0.5cm 두께로 썬다. 양파는 결 반대 방향으로 채 썬다.

❷ **전자레인지 수프 만들기**　전자레인지 사용이 가능한 깊은 그릇에 썰어 놓은 재료를 모두 담고 랩으로 씌운다. 칼끝으로 랩에 작은 구멍 2개를 내고 전자레인지(700W)에 5분 가열한다. 핸드믹서 비커에 전자레인지로 익힌 채소와 버터, 우유, 연두를 넣어 1분 이상 곱게 간다.

❸ **그릇에 담기**　그릇에 수프를 담고 취향에 따라 생크림이나 올리브오일 한 숟가락을 무심하게 두른다. 통후추를 갈아서 뿌리고 바삭하게 구운 빵을 곁들인다.

자취 요리 TIP

- 빵은 기호에 따라 다양한 종류를 사용해도 좋다. 다만, 크림수프에는 버
  터와 우유가 들어간 부드러운 빵(식빵, 모닝빵)보다 담백하고 고소한 빵
  (사워 브레드, 바게트, 깜파뉴)을 추천한다.

당근의 일생을 이해하고 나니 그 맛과 향을 좋아하게 되었다.

요리에 색을 내기 위해 사용하지 않고 당근을 주재료로

요리에 사용하기 시작했다.

(무조림덮밥)

···

재료	조리법

재료

계란 2개
무 4.5cm
생강 4.5cm
청양고추 1개

물 1종이컵
간장 1.5숟가락
연두 1.5숟가락
설탕 2숟가락
참기름 1숟가락

조리법

❶ **재료 준비하기** 계란은 끓는 물에 7분 정도 삶은 후 껍데기를 제거한다. 무와 생강은 껍질을 제거하고 1.5cm 크기로 깍둑 썬다. 생강은 2~3알 준비한다. 청양고추는 길게 반으로 썰어 송송 썬다.

❷ **조림 만들기** 냄비에 삶은 계란, 무, 생강과 물, 간장, 연두, 설탕을 넣어 끓인다. 한소끔 끓으면 중불로 낮춰 뚜껑을 열고 약 15분 조린다. 국물이 자작하게 조려지면 넣었던 생강을 빼고 청양고추와 참기름을 넣어 섞는다.

재료

조리법

밥 1인분
후리가케*

❸ **그릇에 담기** 따뜻하게 데운 밥에 계란을 반으로 갈라 올리고 무조림을 담는다. 마지막으로 후리가케를 뿌린다.

자취 요리 TIP

- 조림을 할 때 양념에 잠긴 재료는 진한 색상으로 맛있게 조려지는 반면, 양념 위로 벗어난 재료에는 맛이 잘 배지 않는다. 이때 조림 뚜껑(오토시부타)을 음식물 표면에 덮으면 양념이 끓으면서 뚜껑에 닿아 위 재료까지 양념이 고루 밴다. 조림 뚜껑이 없으면, 종이 포일을 냄비보다 작은 크기로 자른 후, 수증기 구멍을 만들어 사용한다.

- 여름 무는 조직이 약하고 쓴맛이 강하지만, 가을 무는 단맛이 풍부하고 시원하다. 계절에 따라 무의 단맛이 다르지만, 부위에 따라서도 무의 맛이 다르다. 무의 상부는 땅 밖으로 고개를 내밀고 있어 햇볕을 많이 쬐어 초록색을 띠고 땅속에 들어가 있는 하부(하얀 부분)보다 단맛이 강하다. 조림이나 무침을 할 때는 무의 상부(초록 부분)를 사용하면 더욱 맛있다.

- 후리가케는 없어도 되지만, 후리가케 안에 가쓰오 풍미가 무와 어우러져 쯔유를 사용한 듯한 감칠맛과 향을 더해 주기 때문에 무조림에는 후리가케 사용을 추천한다.

부드럽고 담백한데 든든하고 맛있는 것.

그것은 뿌리채소다.

자취하는 직장인의 저녁

(소고기 감자조림덮밥)

(마라찜닭우동)

이직을 했더니 출퇴근 시간이 40분에서 2시간으로 늘어나, 하루 8시간 만 일을 해도 10시간 일한 것 같은 피로감을 얻게 되었다. 강남 출퇴근의 가장 불편한 점은 사람들과 부대끼는 지옥철(특히 교대역의 환승 지옥), 언제 일어날지 모를 시위에 대한 불안감, 2시간이라는 시간이 주는 체력의 한계 등 다양하다. 그중, 가장 불편한 점은 늦은 퇴근에 의한 애매한 저녁 식사 시간이다. 6시 퇴근을 하고 집에 도착하면 최소 7시. 날씨 좋은 날, 지하철 환승 대신 한 정거장 거리를 산책하면 7시 반이 훌쩍 넘는 시간에 도착한다.

강남 출퇴근의 불편함 때문에 지금 다니는 회사는 자율 출퇴근제를 시행하고 있다. 새벽같이 일어나 출근하면 5시 퇴근도 가능하다. 문제는 내가 늦게 자고 늦게 일어나는 야행성 인간도 아닌, 일찍 자고 늦게 일어나는 그냥 잠만보인 것이다. 매주 일요일 저녁 "내일부터는 무조건! 8시 출근!"을 다짐하며 6시 알람을 설정해 놓고, 이른 시간 잠들지만 수면 시간만 늘어날 뿐이다. 이렇게 저렇게 많은 노력을 했고 물론 지금도 하고 있지만, 평균 출퇴근 시간은 9시에서 6시로 굳혀지게 되었다. 기상 시간 앞당기기는 실패했지만, 저녁상 차리는 속도는 하루가 다르게 빨라지고 있다. 7시 반에 집에 도착하더라도 8시 전에 식사를 시작할 수 있는, 맛있는 메뉴로.

빠르고 맛있게 그리고 채소를 먹을 수 있는 방법을 찾다 보니 몇 가지 필수 조건을 발견하게 되었다. 첫째, 재료 손질이 간단할 것. 요리해서 차려 먹기도 바쁜데 손이 많이 가는 재료는 아무리 베테랑이라도 쉽지 않다. 2~3가지 재료로 손질이 쉬운 게 언제나 최고다. 둘째는 손이 많이 가지 않는 조리법이다. 흔히, 빠르고 쉬운 조리법이 '볶기'라고 생각하지만, 경험상 볶는 내내 재료가 타지 않게 섞어 주며 불 앞을 지키고 있어야 하는 볶음보다 조림이나 찜처럼 불 위에 올려놓으면 알아서 되는 요리가 더 편리하다. 주방 여기저기에 기름이 튈 일도 없어, 뒷정리도 깔끔하다. 찜 요리는 오래 걸리는 음식이라 생각하기 쉬운데, 자취 필수 아이템인 전자레인지를 활용하면 쉽다. 빠르고 언제 만들어도 동일한 퀄리티의 결과를 얻을 수 있는 것은 물론, 조리되는 동안 상을 차리거나 간단하게 씻을 수도 있으니까.

서울에서만 8년째 자취를 하고 있는데, 전자레인지를 사용하기 시작한 건 3년 정도밖에 되지 않았다. 본가에서 전자레인지를 사용하지 않아, 딱히 필요성을 느끼지 않았다. 그러던 중 직장에서 전자레인지를 활용한 제품을 기획하게 되면서 전자레인지의 진정한 매력에 눈을 뜨게 되었다. 지금은 전자레인지로 밥도 만들고 반찬도 만들고 있다. 계란찜, 감자조림은 물론 생선조림, 갈비찜, 찜닭도 가능하다. 덕분에 맛있는 저녁 식사를 적은 금액으로 빠르게 차려 먹고 있다. '전자레인지 레시피'는 나처럼 통근 시간이 오래 걸리는 직장인에게 따라 해 보길 권하고 싶다.

전자레인지 저녁 요리 루틴은 다음과 같다

출근하면서 저녁에 먹을 고기 재료 1개를 냉동실에서
냉장실로 옮겨 놓는다. 평소 닭다리살, 우삼겹, 다짐육을
1~2인분으로 나눠 냉동고에 보관해 놓는다.

▼

퇴근 후, 채소 재료 2가지와 고기 재료 1개를 재빠르게

손질한다. 전자레인지용 용기 또는 넉넉한 사이즈의 깊은
그릇(면기)에 재료를 담고 양념한다.

▼

고기의 담백한 맛이 당기는 날은 간장 양념, 칼칼한 매운맛이
당길 때는 간장 양념에 고춧가루를 더한다.
이때 고기에 양념이 배도록 주무르면 더욱 좋다.

▼

전자레인지용 뚜껑 또는 랩을 씌운 뒤
전자레인지(700W)에 10분 가열한다.

▼

전자레인지가 돌아가는 동안 식탁을 치우고 집안일을 하면
좋다. 아침에 허물처럼 벗고 나간 잠옷을 정리하거나
분리수거를 하는 등 자취생에게 집안일은 끝이 없다.
나는 주로 세탁물을 돌리는데, 이때 빨래를 시작하면
저녁밥을 다 먹고 씻고 나왔을 때, 빨래를 널기 좋은 타이밍에
세탁이 완료된다. 시간을 효율적으로 분배하여 사용하면
퇴근 후 개인 시간을 조금이라도 더 만들 수 있다.

조리가 끝나면 밥이나 면에 완성된 조림을 올린다.

전자레인지 조림 방법은 점심 도시락을 싸 들고 다니는 요즘, 요긴하게 쓰는 방법이기도 하다. 전자레인지용 용기에 재료와 양념을 버무려 회사에 가져간다. 냉장고에 넣어 두었다가, 점심을 먹기 전 전자레인지로 조리하면 오전 시간 동안 재료에 양념이 배어 더 맛있고, 도시락이지만 갓 조리한 요리처럼 따뜻하게 먹을 수 있다.

(소고기 감자조림덮밥)

재료

소고기 다짐육 100g
감자(소) 1개
당근 ¼개
꽈리고추 5개

새미네 장조림 소스
6숟가락
물 4숟가락

밥 1인분

조리법

❶ **재료 손질하기** 소고기 다짐육을 키친타월로 감싸 핏물을 제거한다. 감자는 껍질을 제거하고 1cm 두께로 반달 썬다. 당근은 감자보다 얇게 0.5cm 두께로 썬다. 꽈리고추는 반으로 어슷 썬다.

❷ **전자레인지 가열하기** 전자레인지 사용이 가능한, 깊은 그릇에 손질한 재료를 모두 넣고 새미네 장조림 소스와 물을 넣는다. 랩을 씌우고 젓가락으로 2개의 구멍을 낸 후, 전자레인지(700W)에 10분 가열한다.

❸ **그릇에 담기** 그릇 한쪽에 따뜻하게 데운 밥을 담고 반대편에 완성된 소고기 감자조림을 담는다.

자취 요리 TIP

- 새미네 장조림 소스가 없다면, 진간장 1.5숟가락, 설탕 1숟가락, 요리당 0.5숟가락, 다진 마늘 1숟가락, 후춧가루를 약간 넣는다. 칼칼하게 매운 맛이 당길 때는 고춧가루 1숟가락을 더한다.

- 소고기 다짐육 대신 돼지 다짐육이나 한입 크기로 썬 닭다리살, 돼지 목살을 사용해도 좋다. 채소 재료로 고구마, 단호박, 마늘, 양배추, 김치, 불린 당면을 넣어도 좋다. 다만, 양파같이 수분이 많은 재료는 요리를 싱겁게 만들 수 있어 추천하지 않는다.

볶는 내내 재료가 타지 않게 섞어 주며 불 앞을 지키고 있어야 하는
볶음보다 조림이나 찜처럼 불 위에 올려놓으면 알아서 되는 요리가
더 편리하다.

(마라찜닭우동)

재료	조리법

재료

고구마 1/2개
표고버섯 2개
대파 1/4대
닭다리살 2장

새미네 장조림 소스
6숟가락
고춧가루 1숟가락
라오깐마 라조장 1숟가락
물 4숟가락

우동 사리 1인분

조리법

❶ **재료 손질하기** 고구마는 깨끗이 씻어 1cm 두께의 스틱 모양으로 썰고 표고버섯은 밑동을 제거하고 4등분한다. 대파는 길게 반으로 썰어 2cm 길이로 썬다. 닭다리살은 한입 크기로 썬다.

❷ **전자레인지 가열하기** 전자레인지 사용이 가능한, 깊은 그릇에 손질한 재료와 양념을 넣어 섞는다. 랩을 씌우고 젓가락으로 2~3개의 구멍을 낸 후, 전자레인지(700W)에 10분 가열한다.

❸ **우동 사리 삶기** 끓는 물에 우동 사리를 넣어 1분 데친다(제품 뒷면의 조리 시간을 참고한다). 그릇에 삶은 우동 사리를 담고 완성된 마라찜닭을 올린다.

자취 요리 TIP

- 채소 재료와 육류 재료를 함께 손질할 때는 빠른 손질을 위해 채소 먼저 썰고 육류를 썬다. 도마를 두 번 세척할 필요가 없어서 좋다.
- 버섯은 수분을 잘 흡수하기 때문에, 물에 헹구거나 담가 놓으면 탄력이 줄고 식감이 떨어진다. 물로 세척하지 않고 겉에 묻은 이물질을 마른 행주나 키친타월로 털어 낸다. 갓의 뒷면, 주름 사이에 낀 검은 포자와 나무 껍질(이물질)은 손바닥을 움푹하게 한 후 갓을 내려쳐, 털어 낸다.

빨라지는 건 기상 시간이 아니라

저녁상 차리는 기술이 되어 가고 있다.

파스타는 사랑을 싣고

(애호박명란파스타)

(차돌들깨 비빔파스타)

"직장인은 어떻게 사랑을 시작할까?"

　　동창회에서 우연히 어릴 적 친구를 만났다거나, 직장 선후배 사이 또는 십년지기 친구 관계가 연인 사이로 발전했다는 드라마 같은 상황이 있다. 주변에 한두 명씩 있을 법한 이야기지만 이상하게 나에게는 해당하지 않는다.

　　대개 직장인들은 종교, 등산, 독서 등의 취미·여가 활동을 하면서 새로운 사람을 만나거나 알음알음 소개를 받아 연애를 시작한다. 입사 초 병아리였던 소싯적, '올해는 꼭 결혼한다!'라고 목표를 세우고 소개팅을 자주 하는 과장님이 있었다. 나는 사람이 많은 곳을 싫어하는 MBTI 'I' 유형에다가 집에서 조용히 밥 한 그릇 해 먹는 것이 유일한 낙인 집순이라 매주 주말을 모르는 사람과 보낸다는 과장님을 보며 어른의 세계는 역시 대단하다고 생각했다.

　　이런 성격 때문에 대학 생활 중에 그 흔한 미팅을 한 번도 해보지 못했다. 이 소식을 들은 직장 내 친한 언니가 20대가 가기 전에는 꼭 미팅을 해야 한다며 나를 단체 미팅으로 끌고 나갔다. 30~40명의 싱글 직장인이 모인 미팅에는 아저씨가 꽤 많았다. 앞에 앉은 삼촌은 내 나이를 듣고 머쓱해하더니 회사에서 힘든 일은 없는지 상담해 주었다. 흡사 인사팀 차장 님과 상담하는 기분이 들어 나쁜 점은 에둘러 좋게, 좋은 점은 더 좋게 대답했다.

　20대를 마무리하고 30대를 맞이하는 해에는 소개팅이 꾸준히 들어왔다. 딱히 정해 놓은 외형적인 이상형이 없었기 때문일까? 나이가 많은 사람, 적은 사람, 키가 큰 사람, 작은 사람, 취미가 많은 사람, 돈이 많은 사람. 여러 번의 소개팅을 경험해 보니, 병아리 시절과 달리 나도 어느새 모르는 사람과도 밥을 잘 먹는 어른으로 성장해 있었다.

　이미 알고 있는 것처럼, 소개팅의 주요 장소는 파스타 맛집이다. 부담스럽지 않은 가격과 고급스럽고 차분한 분위기 때문에 서로에게 집중할 수 있는 장소로 인기가 많다. 소개팅과 파스타는 떼려야 뗄 수 없는 관계. 그야말로 사랑을 싣고 오는 요리이다. 내가 파스타를 먹지 않았기 때문에 타율이 적었던 것일까…?(잠시 깊은 고민에 빠져들었다)

나는 소개팅 자리에서 파스타를 먹은 적이 없다. 애초에 파스타, 피자를 잘 사 먹지 않을뿐더러 입맛이 워낙 구수하고 내숭을 피우는 성격이 아니라 대부분 한식을 먹었다. 애프터를 쌈밥집에서 한 적도 있는데, 쌈밥 먹는 모습에 반해 지금까지 그 사람과 잘 만나고 있다. 오히려 편안한 메뉴 선택이 상대의 진가를 알아차릴 기회로 작용했다.

주로 파스타를 사 먹기보다 만들어 먹는 나는 파스타에도 한식의 요소를 가미한다. "이 정도면 그냥 한식에 파스타 면만 얹은 거 아니야?"라고 할 정도로. 애호박, 들깨, 깻잎, 불고기, 명란(일본 재료라 생각하는 사람도 있지만, 사실은 한국에서 먹기 시작한 재료이다. 일본에서도 명란젓(멘타이코)은 한국 음식으로 알려져 있다), 초간장 등 좋아하는 한국 재료나 양념을 곁들인다.

요즘에는 집 근처 마트에서도 스파게티, 링귀니, 페투치네, 펜네 등 다양한 모양과 두께의 파스타를 구입할 수 있다. 파스타는 모양새에 따라 어울리는 소스가 따로 있는데, 1인분씩 만들어 먹는 파스타를 위해(사실 언제나 1.5인분을 하고 있다) 다양한 종류의 파스타를 구비해 놓기는 쉽지 않다. 집에서 만들어 먹는 파스타는 대부분 진하게 끓인 농후한 소스가 아니라 즉석에서 재료를 볶아 만든 가벼운 소스의 파스타이기 때문에 가벼운 소스에 잘 어울리는 길고 얇은 스파게티, 스파게티니, 링귀니, 카펠리니(엔젤헤어)를 구비해 놓는다. 한동안은 두꺼운 중심부의 씹는 식감이 살아 있는 링귀니를 좋아했다. 요즘에는 삶는 시간이 짧고 먹기 편한 스파게티니를 좋아한다.

간단한 재료와 쉬운 방법으로도 소개팅 맛집의 파스타 맛을 내기 위해 중요하게 생각하는 세 가지가 있다.

1. 구리 몰드로 뽑은 브론즈 방식의 면을 구입한다

파스타 면은 반죽을 몰드에 뽑아내는 방식(압출성형)으로 만든다. 막국수나 냉면 면발을 뽑아내는 이미지를 생각하면 쉽다. 이때 몰드의 재질은 크게 구리(브론즈 방식)와 테프론(테프론 방식)이 있다. 브론즈 방식은 압출 중, 마찰이 생기기 때문에 면의 표면이 거칠어 소스가 면에 잘 엉긴다. 반면 테프론 방식은 마찰이 거의 없어서 겉면이 매끈한데, 가격이 저렴하고 삶는 시간이 짧으며 잘 퍼지지 않는다는 이점이 있다.

나는 브론즈 방식의 '데체코'를 애용한다. 몇백 원 차이로 몇 배는 더 맛있는 한 끼를 만들 수 있으니, 구입하지 않을 이유가 없다. 브론즈 면은 데체코, 룸모, 디벨라가 있는데 그중 룸모가 가성비가 좋은 파스타 면으로 알려져 있고 데체코는 표면이 가장 거칠고 밀가루 냄새 없이 맛이 고소하다.

2. 소금물을 사용하고 면수를 절대 버리지 않는다

파스타 면은 듀럼밀을 곱게 제분한 세몰리나를 사용하여 만들기 때문에 면의 밀도가 높아 식감이 단단하다. 두툼하고 단단한 면을 소스로만 간을 맞추면 면과 소스가 입안에서 어우러지지 않는다. 면을 삶을 때 짭조름한 소금물로 삶아 주어야 서로 어우러져 맛있는 요리를 할 수 있다. 밥도 소금 간을 살짝 해주면 반찬과 더 잘 어울린다.

이상적인 소금물의 비율은 물 1L, 소금 1큰술(12g)인데, 자취 집에서는 라면을 끓일 때 사용하는 작은 냄비(편수)를 기준으로 물 4.5종이컵(800mL)에 소금 1숟가락(8g)을 넣고 있다. 더 짜야 하는 것이 맞지만, 한 번 쓰고 버리는 면수에 많은 양의 소금을 사용하는 것이 아까워서 8g으로 타협하고 있다.

조리 시간은 사용하는 면의 종류와 제조사에 따라 다르기 때문에 반드시 제품에 표기된 조리 시간을 참고한다. 그리고 차가운 비빔파스타를 만들 때를 제외하고, 면수는 절대 버리지 않는다. 면의 전분과 소금이 녹아 있어 파스타 소스의 중요한 재료로 활용한다.

3. '만테까레'로 소스에 풍성한 입 촉감을 더한다

이탈리아 요리에는 유화를 뜻하는 '만테까레(Mantecare)' 개념이 있다. 면을 70%만 삶은 후, 팬에서 소스와 함께 나머지 30%를 익힐 때 면과 면수에 잔존하는 전분을 활용하여 소스의 물과 오일이 서로 잘 엉기도록 만드는 기술이다. 간단히 말해, 파스타 전분을 유화 증점제로 활용하는 것이다. 고급 레스토랑에서 먹은 알리오올리오나 봉골레파스타를 떠올려 보자. 집에서 만들면 흔히 육수와 오일이 분리된 형태로 완성된다. 반면, 만테까레가 잘된 레스토랑의 파스타는 소스에서 윤기가 돌고 휘핑크림처럼 풍성한 느낌이 난다.

만테까레를 잘하는 방법은 다음과 같다. 팬에 70% 삶은 파스타 면과 면수 한 국자를 넣고 가만히 가열해 면에 남은 전분을 뽑아낸다. 불을 끄고 팬을 흔들어 토스(toss) 한다. 팬을 흔드는 과정에서 소스의 물과 오일이 잘게 쪼개지고 온도가 떨어지는 과정에서 끈적이는 전분은 물과 오일이 잘 결합되도록 돕는다.

평소에 잘 먹지 않는 생크림, 트러플 같은 재료를 넣지 않아도 몇 가지 기본기만 지키면 맛있는 파스타를 쉽게 만들 수 있다. 만드는 사람도, 먹는 사람도 부담 없이 편안하고, 맛있는 파스타로 우리 집을 사랑이 넘치는 소개팅 맛집으로 만들어 보자.

(애호박명란파스타)

재료	조리법

물 4.5종이컵
소금 ¼숟가락
스파게티니 1인분

❶ **파스타 삶기** 냄비에 물과 소금을 넣어 끓인다. 명란이 짜기 때문에 소금 양을 정량보다 적게 넣는다. 끓는 물에 스파게티니를 6분 삶는다.

애호박 ⅓개
양파 ¼개
명란 1개

❷ **재료 손질하기** 애호박은 0.3cm 두께로 썰고 양파는 0.5cm 두께로 채 썬다. 명란은 2cm 두께(손가락 한 마디 길이)로 썬다.

버터 1숟가락
면수 ½종이컵

❸ **재료 볶기** 팬에 버터를 반만 녹이고 애호박을 앞뒤로 노릇하게 굽는다. 애호박이 노릇하게 구워지면 양파와 명란, 나머지 버터를 넣고 양파와 명란이 반 정도만 익도록 볶는다. 삶은 파스타 면을 넣고 분량의 면수를 넣어 볶는다.

자취 요리 TIP

- 다이어트를 할 때는 통밀 파스타 면을 애용한다. 단단한 식감이 익숙하
  지 않지만, 섬유질이 풍부해 포만감이 크고 정제된 밀가루가 아니라 소
  화 흡수도 더 느리다.

주로 파스타를 사 먹기보다 만들어 먹는 나는

파스타에도 한식의 요소를 가미한다.

"이 정도면 그냥 한식에 파스타 면만 얹은 거 아니야?"라고 할 정도로.

(차돌들깨 비빔파스타)

재료	조리법

재료

물 4.5종이컵
소금 1숟가락
카펠리니 1인분

조리법

❶ **카펠리니 삶기** 냄비에 물과 소금을 넣어 끓인다. 끓는 물에 카펠리니를 2분 삶는다. 삶은 카펠리니는 체에 밭쳐 놓는다.

차돌박이 150g
대파 ¼대

❷ **재료 손질하기** 팬에 차돌박이를 굽는다. 대파는 최대한 얇게 송송 썬다.

설탕 1숟가락
연두 1숟가락
양조식초 1숟가락
들기름 2숟가락
통들깨 1숟가락

❸ **비빔파스타 만들기** 빈 그릇에 설탕, 연두, 식초, 들기름을 순서대로 계량하여 섞는다. 삶은 카펠리니를 양념에 버무리고 구운 차돌박이와 송송 썬 대파를 올린다. 마지막으로 통들깨를 뿌린다.

자취 요리 TIP

- 차돌박이 대신 냉동 대패 우삼겹 1kg을 구입하여 소분해 놓고 사용한다. 파스타뿐만 아니라, 김치비빔면, 된장찌개를 만들 때도 요긴하게 사용할 수 있어서 좋다.
- 차돌박이와 대파 대신 기름을 뺀 참치와 깻잎을 올려 먹어도 맛있다.

맛있는 파스타로

우리 집을 사랑이 넘치는

소개팅 맛집으로 만들어 보자.

직장인의 스트레스

(대전식 두부두루치기)

(해물열라면)

고등학생 때는 시험이 끝나면 반드시 친구들과 '공주 칼국수'를 먹으러 갔다. 시뻘건 육수에 빠진 생면을 건져 먹으면 시험으로 쌓인 스트레스가 한방에 풀렸다. 충청도에 연고가 없는 사람은 잘 모를 수 있지만, 대전 근교에 사는 사람이라면 '얼큰이 공주 칼국수' 간판을 보고 모두 같은 이미지를 떠올린다. 시뻘건 국물 위에 얹어진, 김 가루와 초록색 쑥갓! 눈물 쏙 빠지게 매운 칼국수에 향긋한 쑥갓을 올려 먹으면 매운맛이 중화되어서 항상 쑥갓을 리필해 먹었다. 매운 음식을 잘 못 먹는 맵찔이지만, 어릴 때나 지금이나 감당할 수 없는 스트레스를 받으면 매운 음식을 찾는다.

업무와 인간관계의 어려움 또는 스스로의 문제로 다양한 스트레스를 겪는데, 단연코 회사 생활을 하며 겪는 어려움이 가장 크다. 역량 이상의 일을 맡게 되었을 때, 잘해 내고 싶은 욕심과 '할 수 있을까?' 하는 불안감 그리고 어떻게 해도 만족스럽지 않은 결과물 사이에서 스트레스를 크게 받는다. 국영수 문제로 스트레스를 받던 학창 시절에는 겪어 보지 않았던, 사람 간의 문제를 직장인이 된 후에 맞닥뜨렸다. 각종 오해와 험

담 사이에서 '사람은 누군가를 헐뜯어야 살아갈 수 있는 존재
인가?' 하는 실망감에 젖어 살던 때도 있었다(물론, 그와 반대로 좋
은 사람을 많이 만난 덕분에 회사 생활을 지속하고 있다).

회사에서 이런저런 힘든 일을 겪고 일상으로 돌아오면,
일상 역시 스트레스투성이다. 아픈데도 병원에 잘 가지 않는
엄마와 통화하며, 답답한 심정으로 잔소리를 잔뜩 늘어놓는
다. 그렇게 복잡한 마음으로 집에 들어오면 쌓여 있는 집안일
을 마주한다.

대개 큰 스트레스는 내가 어찌할 수 없는 문제로부터 온
다. 이럴 때면 '그냥 이해하고 받아들여야 하는 것은 아닐까?'
하고 생각한다. 스트레스가 쌓이고 쌓여 모든 게 엉망진창 만
신창이가 된 것 같은 기분이 들면 매운 음식을 먹으며 지금의
감정에서 한 걸음 물러선다. 공주 칼국수, 두부두루치기, 열라
면, 창신동 매운 족발 등 매운 음식을 눈물 쏙 빠지게 먹고 나
면 때때로 문제가 단순하게 보인다. 매운 음식은 마음의 공간
을 만들어 내는 마법을 부리는지도 모른다.

나는 고추를 고추장에 찍어 먹는 한국인답게, 매운 요리를 잘 만드는 편이다. 특히 신선한 해산물을 넣은 열라면과 대전식 매콤한 두부두루치기를 좋아한다. 느긋한 성품의 충청도 사람들은 돌려 까기의 황제라 불릴 만큼, 온순하고 여유로운 말씨 이면에 풍자와 해학이 넘쳐나는 화법을 사용한다. 그런 충청도인의 반전 매력은 음식에서도 드러난다. 부드럽고 담백한 두부에 코가 빨개질 정도로 매콤한 양념을 더하고 이 진한 양념에 뽀얀 칼국수 사리를 더한다. 다른 지역에서 두부만 넣어 담백하게 조려낸 밑반찬(두부조림)이 사실 대전에서는 귀한 대접받는 메인 요리(두부두루치기)인 셈이다.

대전식 두부두루치기

재료

조리법

두부 ½모(150g)
양파¼개
대파 초록 잎 2줄기

양념 재료:
설탕 1숟가락
굵은 고춧가루 1.5숟가락
연두 1.5숟가락
다진 마늘 1숟가락
고추장 2숟가락

들기름 1숟가락
물 ¾종이컵

칼국수 사리 ½인분

❶ **재료 손질하기** 두부는 1cm 두께로 썰고 양파는 두껍게 채 썬다. 대파는 길게 반으로 갈라 2cm 길이로 썬다.

❷ **두부 조리기** 양념 재료는 한곳에 섞어 놓는다. 볶음 팬 또는 넓은 팬에 들기름을 두르고 두부를 앞뒤로 노릇하게 지진다. 팬 한쪽에 양파도 같이 볶는다. 두부 양면이 다 구워지면, 물과 섞어 놓은 양념을 넣어 약불에서 조린다. 국물이 반 정도 줄어들어 두부에 양념이 배면 대파를 넣어 마무리한다.

❸ **칼국수 삶기** 두부를 조리는 동안, 다른 불에 냄비를 올리고 물을 반만 채워 끓인다. 칼국수 면을 넣고 제품의 추천 조리 시간만큼 삶는다. 이때 생면을 사용한다면 겉에 묻은 가루를 흐르는 물에 살짝 씻어 내고 삶는다. 삶은 면을 체에 거르고 미온수로 겉의 밀가루 전분 냄새를 씻어 낸다.

❹ **그릇에 담기** 접시에 칼칼한 두부두루치기를 담고 삶은 칼국수 사리를 한쪽에 얹는다.

자취 요리 TIP

- 주재료가 두부인 만큼 맛있는 두부를 구입하는 것이 좋다. 개인적으로 손두부를 좋아하지만, 구하기 어렵다면 '풀무원 옛두부'를 사용한다.
- 굵은 고춧가루 대신 청양 고춧가루, 사천 고춧가루를 사용하면 더 매콤한 맛을 낼 수 있다.
- 면을 삶을 때 냄비에 반 정도만 물을 채워 끓이면 면수가 끓어 넘치는 것을 방지할 수 있다.
- 밀가루 냄새 없이 면을 잘 삶기 위해 넉넉한 크기의 냄비와 물을 사용하는 것이 좋다. 하지만 좁은 자취 주방에서 따라 하기 쉽지 않다. 작은 냄비를 쓰는 대신, 생면의 덧가루(겉에 묻은 밀가루)를 흐르는 물에 살짝 씻어 내고 삶는다. 덧가루가 많은 경우, 끓는 물이 걸쭉해지면서 면이 속까지 골고루 익지 않고 밀가루 냄새가 날 수 있다.

모든 게 엉망진창 만신창이가 된 것 같은 기분이 들면
매운 음식을 먹으며 지금의 감정에서 한 걸음 물러선다.

Recipe

(해물열라면)

재료	조리법

재료

무 2cm
대파 ¼대
꽃게 1마리
굴 6개

조리법

❶ **재료 손질하기**

· 무는 0.5cm 두께로 나박 썰고 대파는 송송 썬
  다.

· 꽃게는 칫솔로 몸통과 다리 사이까지 구석구석
  닦는다. 꽃게의 배 딱지를 열어 뜯어내고 몸통
  과 등딱지를 분리한다. 꽃게 몸통에 붙어 있는
  아가미와 입 주변을 정리하고 반으로 가른다.

· 굴은 체에 밭쳐 흐르는 찬물에 한 번만 헹궈
  낸다. 여러 번 씻어 내면 굴의 바다 향이 사라
  진다.

물 3종이컵
열라면 1봉

❷ **라면 끓이기** 냄비에 분량의 물과 무, 손질한
  꽃게를 넣고 중약불에서 15분 끓인다. 무가 약
  간 투명하게 익으면 라면(수프, 건더기, 면)을 넣
  고 끓인다. 면이 ⅓ 정도 익으면 굴과 대파를
  넣어 선호하는 삶기 정도로 끓인다.

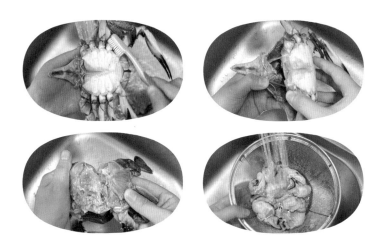

자취 요리 TIP

---

* 봄에는 바지락과 키조개, 가을과 겨울에는 굴, 홍합같이 제철 재료를 활
  용하면 더욱 맛있는 해물라면을 끓일 수 있다. 최근에는 잡자마자 급속
  냉각한, 좋은 선도의 꽃게나 손질 꽃게를 사계절 내내 온라인이나 마트
  에서 구입할 수 있다.

매운 음식은 마음의 공간을 만들어 내는

마법을 부리는지도 모른다.

미라클모닝

(잔멸치솥밥과 삼각김밥)

(바나나케일주스)

나는 정신없이 촉박한 아침을 싫어한다. 주방에 서서 무슨 맛인지도 모르고 먹는 아침과 사람으로 붐비는 지옥철로 아침을 보내면 하루를 시작하는 마음가짐이 좋지 않다. 나에게 여유로운 아침은 활기찬 하루를 보내기 위한, 중요한 시간이다. 나만 아침을 중요하게 생각하는 것도 아닌 것이, 온라인 서점에서 '아침'이라는 키워드만 넣으면 『아침 기적』, 『아침 5시의 공감』, 『아침의 발견』 등 별안간 책들이 쏟아져 나온다.

고3 때는 아침형 인간이 유행이었다. '저기 옆옆옆집 애는 아침 공부를 시작하더니 성적이 좋아져서 연고대에 갔다더라.' 하는 설화는 우리 학교에도 있었고 옆 학교에도 있었다. 나는 대한민국 고3 수험생답게 '오늘부터 아침형 인간!'이라 외치며 다시 태어난 사람처럼 몇 달을 4~5시에 일어났다. 그때는 여유로운 아침을 보내고 싶었다기보다 남들보다 1~2시간 더 공부하는 것이 간절했다. 결과는 뻔했다. 그리 오래가지 않았다.

그렇게 아침형 인간도 야행성 인간도 아닌, 그저 잠을 좋아하는 사람으로서 살아오다가 코로나19가 한창일 때 미라클

모닝이 유행처럼 돌기 시작했다. 그 시기쯤, 나는 다이어트 내기를 하고 있었다. 퇴근 후 운동을 하고 나면 개인 시간을 갖을 새도 없이 하루가 다 지나가 있는 것에 억울함이 쌓여 갈 때였다. 내게 코칭을 해 주던 선생님이 아침에 일어나 30분짜리 운동하는 방법을 소개해 주었다. 그렇게 미라클모닝이 아닌 강박관념 모닝이 시작되었다.

미라클모닝은 일종의 자기 계발 방법이기도 하지만 자기 주도적으로 삶을 꾸리고 돌보는 시간을 갖는 것에 더욱 초점이 맞춰져 있다. 30분 정도만 일찍 일어나 커피를 마시든 음악 감상을 하든 좋아하는 활동을 하다 보면 이후부터는 1시간, 2시간 자연스럽게 일찍 일어나고 싶어져서 그동안 미뤄왔던 일 (가족과 시간 보내기, 아침 밥상 차리기, 재테크 공부하기 등)을 할 수 있게 된다는 것이다.

좋아하는 활동을 위해 일찍 일어나도 모자랄 판에, 하기 싫은 운동을 하려고 일찍 일어나는 삶이 오래 유지되기는 어려운 일이었다. 가끔은 일찍 일어나 하루를 시작하는 게 뿌듯했지만 쉽게 피로감에 젖어 들었고 수면 시간이 충분하지 않아 업무 효율성이 떨어졌다. 다이어트가 끝나고 나는 미라클 모닝이니, 아침형 인간이니, 아침에 무언가를 하겠다는 욕심을 내려놓았다.

지금은 그저 여유로운 아침을 보내는 나만의 방법을 찾아가고 있다. 그중 하나가 물 한 잔, 삶은 계란 하나, 두유 한 팩을 먹더라도 식탁에 앉아서 천천히 먹는 것이다. 여유로운 아침 식사 시간을 갖겠다고 생각하니, 어째 기상 시간이 10분, 20분 당겨지고 있다. 공부로, 다이어트로도 안 됐던 일찍 일어나기가 결국에는 가장 좋아하는 '먹기'로 가능해지니, 어째 이 상황이 조금은 웃기기도 하다. 어찌 됐든 이런 나의 아침 일상에 가장 큰 보탬이 되고 있는 방법은 '밀프렙'이다.

가장 든든한 밀프렙은 솥밥을 활용한 삼각김밥이다. 옥수수명란솥밥, 소고기솥밥, 닭다리생강솥밥 등 1인분만 만들기에는 애매한 솥밥 요리를 넉넉하게 해서 저녁으로 먹고 남은 밥을 삼각김밥으로 만든다. 잔멸치솥밥은 3~4월이 제철인 실치로 밥을 지어 먹는 모습을 보고, 냉동고에 묵혀 있는 잔멸

치를 활용하여 만든 요리이다. 혼자 사는 집에서 멸치볶음 같
은 밑반찬은 사치지만 가끔 사치를 부리고 남은 재료로 메인
요리까지 가능하니 일석이조이다.

가장 간편한 밀프렙은 과채주스이다. 나는 평소 과채주
스를 해장용 토마토주스와 바나나케일주스, 두 가지로 만들어
놓는다. 예전에는 다이어트를 한다고 사과, 비트, 당근을 냉동
해 놓고 ABC 주스로 갈아 먹었는데 핸드믹서로는 아무리 곱
게 갈아도 건더기가 너무 많아, 프렙해 놓은 것을 처리하느라
곤혹스러웠다. 몇 번의 실패를 반복하다 지금은 냉동 보관도
용이하고 물만 넣어도 맛있는 토마토주스와 바나나케일주스
를 잘 먹고 있다.

이렇게 좋아하는 아침 식사로 여유로운 아침을 맞이하다
보면, 나의 아침에도 언젠가 기적이 생기지 않을까?

(잔멸치솥밥과 삼각김밥)

재료	조리법

쌀 1종이컵

잔멸치(볶음용 세멸)

½종이컵

물 1종이컵

미나리 4줄기

간장 1숟가락

버터 1숟가락

❶ 솥밥 짓기

· 쌀을 깨끗이 씻어 냄비에 담고 잔멸치를 올린다. 쌀과 동일한 양의 물을 붓고 30분 동안 불린다.

· 뚜껑을 닫은 채로 중불에서 김이 오르도록 약 5분간 끓인다. 한소끔 끓어오르면 약불로 낮춰 5분 더 가열한다. 마지막으로 불을 끄고 5분간 뜸 들인다.

· 완성된 솥밥에 미나리를 송송 썰어 올리고 간장과 버터를 올린다.

삼각김밥용 김 3장

❷ 밀프렙 하기 솥밥을 골고루 비빈 후, 삼각김밥 틀에 밥을 눌러 담는다. 삼각형 모양으로 김을 포장하여 스티커를 붙인다. 냉동 보관한다.

❸ 전자레인지 가열하기 전자레인지(700W)에 냉동 삼각김밥을 넣고 1분 30초 데운다. 밥은 따뜻하면서 김은 바삭한 식감을 유지할 수 있도록, 전자레인지에 가열이 완료된 상태로 5분 이상 식힌다. 삼각김밥 비닐을 제거하고 먹는다.

자취 요리 TIP

- 멸치는 용도에 따라 크게 볶음용, 볶음·조림용, 국물용으로 나눠 있고 크기에 따라 세멸, 자멸, 소멸, 중멸, 대멸 등으로 나눠 놓는다. 이 때 멸치볶음과 솥밥 용도에 적합한 멸치는 제일 작은 크기인 세멸(볶음용) 크기이다.
- 솥밥은 기호에 따라 미나리 대신 마늘종, 달래, 꽈리고추를 더하거나 쯔유, 들기름, 후리가케 등의 양념을 더해도 좋다.
- 자취 집에 있는 냄비는 대개 얇은 냄비이기 때문에 냄비 밥을 짓기가 쉽지 않다. 쌀을 불려 사용하면 쌀이 골고루 익는다. 전기밥솥이 있다면 평소 밥을 짓는 과정에 잔멸치만 추가한다.

좋아하는 활동을 위해 일찍 일어나도 모자랄 판에,

하기 싫은 운동을 하려고 일찍 일어나는 삶이

오래 유지되기는 어려운 일이었다.

지금은 그저 여유로운 아침을 보내는

나만의 방법을 찾아가고 있다.

(바나나케일주스)

재료	조리법

바나나 9개
착즙용 케일 9장

❶ **밀프렙 하기** 케일을 흐르는 물에 깨끗이 씻고 잎 가운데에 있는 두꺼운 줄기를 칼로 잘라 낸다. 잘라 낸 두꺼운 줄기는 바나나 길이에 맞춰 썬다. 케일 잎에 껍질을 제거한 바나나 1개와 줄기를 올리고 월남쌈 싸듯 돌돌 말아 2~4등분한다. 반찬 용기 또는 위생 팩에 담아 냉동 보관한다.

물 1종이컵

❷ **바나나케일 갈기** 핸드믹서 비커에 냉동된 바나나케일 말이 1개(2~4덩이)와 물 1종이컵을 넣고 케일 건더기가 보이지 않게 1분 이상 곱게 간다.

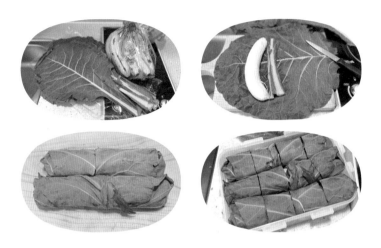

자취 요리 TIP

- 케일은 쌈케일과 착즙용 케일, 두 종류가 있다. 어떤 종류의 케일로 만들
  어도 상관은 없지만, 바나나 1송이를 사면 혼자 사는 집에서 처치하기
  어려우니, 착즙용 케일을 사서 한꺼번에 밀프렙 해 놓는 것을 추천한다.
- 해장용 토마토주스 밀프렙은 토마토를 깨끗이 씻어 꼭지를 제거한 뒤
  6등분으로 잘라 냉동 보관한다. 방울토마토를 사용할 경우, 깨끗이 씻
  어 꼭지만 제거하고 그대로 냉동 보관한다. 술을 마신 다음 날, 물 ½종
  이컵에 토마토 1개 분량 정도를 넣어 갈아 먹는다.

이렇게 좋아하는 아침 식사로 여유로운 아침을
맞이하다 보면, 나의 아침에도 언젠가 기적이
생기지 않을까?

아빠의 여름휴가, 그리고 나의 여름휴가

(들기름 묵은지막국수)

(고추다대기 비빔국수)

내가 직장인이 되기 전, 아빠의 여름휴가에는 언제나 물이 있었고 검게 그을린 피부와 시끄러운 매미 소리, 풀 냄새가 있었다. 아빠는 평창의 아들이다. 평창에서 나고 자란 찐 감자(강원도가 고향인 사람의 애칭이다). 우리 가족은 매년 여름휴가를 평창에서 보냈다. 왔다 갔다 하는 시간만 생각해도 꽤 피곤한 일이었을 텐데, 주 6일제를 하던 그 시절에도 부지런히 갔다.

어릴 때는 어둑한 새벽에 비몽사몽 일어나, 제트기처럼 달리는 아빠 차에 몸을 싣고 3~4시간 이동하는 것이 무서웠다. 전화도 잘 터지지 않는 산골짜기에서 뉴스, 씨름 경기, 〈6시 내고향〉으로 하루를 간신히 보내는 게 지루했다. 엉망이었던 화장실 시설의 불편함은 더 말할 것도 없었다. 이런 아빠를 두고 엄마는 "얘들아, 네 아빠 같은 사람이 진짜 효자야~."라고 했다(어릴 땐 그게 칭찬인 줄 알았다).

직장인이 되고 난 후, 나는 날씨가 선선한 9~11월에 떠나는 비수기 여행을 좋아하게 됐다. 추석에 여름휴가와 연차를 며칠 버무리고 나면 14일의 휴가도 충분히 가능하다. '그게 가능해?'라고 생각하겠지만, 이상하게 '여름휴가'에는 그런 힘이 있다. 팀 달력에 여름휴가라고 네 글자를 올려놓으면, 무슨 일이 있어도, 25년 근속한 한 부장님도 '여름휴가는 가야지. 중요하지.' 하고 수긍해 주는 힘.

나는 길게는 2주, 짧게는 3~4일을 활용해서 가까운 제주도, 대만, 방콕, 호찌민, 하노이, 블라디보스토크, 후쿠오카부터 어느 정도의 시간이 필요한 몽골, 보라카이까지 여행을 다녔다. 혼자 혹은 가족과 친구, 직장 동료와 함께. 인생의 가장 중요한, 먹고 마시는 일에 진심인 사람들과 일하다 보니 여행을 다닐 때도 직장 동료들과는 짝짜꿍이 잘 맞았다. 화장품이나 옷 쇼핑을 못 하더라도 식료품점, 주류점 쇼핑은 꼭 해야 하고 바람이 매서운 러시아에서도 시원한 맥주를 마시겠다는 집념 하나로 생맥주를 호호 불어 재낀다. 먹는 일만큼은 오늘만 사는 사람처럼, 마음이 착착 맞는다.

그러던 어느 날 해외여행이 지루해질 때쯤, 오랜만에 아빠의 여름휴가에 동참했다. 집으로 가는 휴가이니 짐이 많을 필요도, 숙소를 알아볼 필요도 없거니와 평창에 KTX도 뚫린 때라 이동도 편리했다. 불편하기만 했던 화장실은 씻지 않아도 되는 이유를 만들어 주어 오히려 좋았다. 딱히 나오는 채널도 없고 인터넷도 잘 안 터지는 시골에서 넷플릭스를 볼 수도 없으니, 마당에 돗자리를 깔고 뒹굴며 어릴 때 할머니에게 배워 놓은 화투장 놀이를 하거나 사방치기를 했다. 아빠는 묵직한 게 컨트롤하기 좋다며, 자기 말로 어디서 벽돌 같은 걸 주워 와 웃음을 자아냈다. 무더웠던 여름으로만 기억하던 그 날씨는 의외로 선선했다. 강원도라 그런가? 뒹굴뒹굴하며 음악을 듣고 잡지를 읽고 날씨가 좋아 내친김에 밥도 마당에 차려 먹었다.

이국적인 향신료 냄새로 가득하던 여름휴가 밥상이 들기름 고소한 냄새로 가득 찼다. 어려서부터 나에게 간장 계란밥, 비빔밥, 메밀국수, 감자전은 으레 들기름으로 해 먹는 음식이었다. 어디선가 참기름으로 비빈 간장 계란밥을 먹고 우리 집에는 왜 참기름이 없냐며 억울해하던 때가 있었는데, 지금은 마트에서 구입한 참기름을 입에 잘 대지도 않는다. 강원도는 추운 기후 때문에 참깨 농사가 어려워 들깨 농사를 주로 지어 왔다고 한다. 매년 달라지는 기후 때문에 지금도 같은 상황일지는 모르겠지만, 들기름 꼬순내가 나에게는 평창의 소박한 시골집, 할머니의 따뜻한 밥상을 기억하는 향기가 되었다. 길을 걷다 들기름 냄새를 맡으면 할머니가 버선발로 뛰어나와 오는 길 고생 많았다고, 갓 만들어 따끈한 두부 한 모를 그릇에 담아 주실 것만 같다.

평창의 시골집처럼 어릴 때는 불편해하던, 음식들을 지금은 곧잘 찾아 먹는다. 들기름, 묵은지지짐, 멸치자박이, 시원한 물김치 같은 것. 양념을 깨끗이 씻어 낸 묵은지에 멸치를 몇 마리를 넣어 조려 낸 묵은지지짐은 들기름과 유난히 잘 어울린다. 자취 집에서는 올해 김장한 김치도 금세 묵은지가 된다. 그러면 나는 묵은지가 된 김치를 한 포기 꺼내 지짐을 만들어 놓는다. 출출한 어느 날, 메밀 면에 묵은지, 들기름만 있으면 다른 반찬이 필요 없는 한 그릇이 완성된다.

할아버지는 매운 음식을 좋아하지 않으셨다. 집안 남자의 입맛에 맞게 일평생 요리를 해오던 할머니는 매운 요리를 잘 드셨지만 즐기지 않았다. 경상도에서는 고추와 멸치를 잔뜩 넣어 만드는 멸치 고추다대기도 할머니는 감자와 멸치, 된장을 넣어 만드셨다. 할머니에게는 원래 된장과 감자를 넣어 만드는 멸치자박이가 오리지널일 테지만 난 괜스레 땡초를 넣은 멸치 고추다대기가 생각났다. 매콤한 이 맛을 할머니는 더 좋아하지 않았을까?

아빠의 여름휴가가 이해되는 시간이었다. 서울로 떠나는 날, 어떤 일이든 다 해낼 수 있을 것 같은 기운으로 기차에 올랐다.

(들기름 묵은지막국수)

재료	조리법

묵은지 ¼포기
물 3종이컵
연두 1숟가락
들기름 2숟가락

❶ 묵은지 조리기 묵은지는 흐르는 물에 양념을 깨끗이 씻어 내고 좁은 냄비에 담는다. 제시된 분량의 물을 모두 넣을 필요 없이, 묵은지가 살짝 잠길 정도만 물을 붓는다. 연두와 들기름을 넣어 한소끔 끓어오르면, 뚜껑을 덮고 약불로 줄여 1시간 푹 조린다. 지짐이 완성되면 그대로 불을 끄고 잔열로 더 부드러워지도록 식힌 후 냉장 보관한다.

메밀 면 1인분

❷ 메밀 면 삶기 냄비에 물을 반만 채워 끓인다. 끓는 물에 메밀 면을 추천 조리 시간대로 삶는다. 익은 메밀 면은 찬물로 헹궈 전분 내를 씻어 내고 체에 담아 물기를 털어 낸다.

간장 1숟가락
들기름 2숟가락
김 가루 약간

❸ 그릇에 담기 그릇에 메밀 면을 담고 간장, 들기름을 두른다. 가위로 묵은지 지짐을 잘라 올리고 김 가루를 뿌린다.

자취 요리 TIP

* 군내가 많이 나는 묵은지를 사용할 경우, 양념을 깨끗이 씻어 내고 물에
  식초를 2숟가락 정도를 풀어 묵은지를 반나절 담가 놓는다.
* 메밀 면은 밀가루 면에 비해 탄력이 없기 때문에 양손으로 물기를 짜면
  쉽게 끊어질 수 있다. 체에 면을 담아 물기를 털어 내는 것을 추천한다.
* 양념에는 들기름만 사용해도 좋지만, 참기름과 들기름을 반반 섞어 사
  용하면 계란 노른자를 넣은 것 같은 고소한 풍미를 더할 수 있다.

이국적인 향신료 냄새로 가득하던

여름휴가 밥상이 들기름 고소한 냄새로 가득 찼다.

(고추다대기 비빔국수)

재료	조리법

재료

풋고추 6개
청양고추 4개
잔멸치 ½종이컵

들기름 2순가락
물 ¾종이컵
된장 1순가락
연두 1순가락
깨소금 1순가락

중면 1인분

고추다대기 2순가락
들기름 3순가락
김 가루 약간

조리법

❶ **재료 손질하기** 풋고추와 청양고추는 깨끗이 씻어 핸드믹서 초퍼로 잘게 다진다. 또는 칼로 고추를 길게 십자 모양을 낸 뒤, 얇게 송송 썬다. 잔멸치도 곱게 다진다.

❷ **고추다대기 조리기** 팬에 들기름을 두르고 풋고추와 잔멸치를 중불에서 볶는다. 팬 바닥에 멸치 가루가 갈색으로 눌어붙기 시작하면 물과 된장, 연두를 넣어 저어 가며 조린다. 흥건했던 수분이 다 날아가면 불을 끄고 깨소금을 섞는다. 반찬 용기에 담아 냉장 보관한다.

❸ **중면 삶기** 냄비에 물을 반만 채워 끓인다. 끓는 물에 중면을 넣어 4분 삶는다. 삶는 동안, 끓어 넘칠 것처럼 거품이 올라오면 찬물을 조금씩 넣어 준다. 익은 중면은 찬물로 헹궈 밀가루 내를 씻어 낸다. 양손으로 면의 물기를 제거한다.

❹ **그릇에 담기** 그릇에 삶은 면과 고추다대기를 올리고 들기름을 두른다. 기호에 맞게 김 가루를 올린다.

자취 요리 TIP

- 멸치는 볶음용 잔멸치를 냉동해 두었다가 필요할 때마다 사용하는데, 일반 육수용 멸치를 사용해도 좋다.
- 고추다대기는 맨밥에 비비기만 해도 맛이 좋다. 간장 계란밥에 조금씩 더하거나 맨밥에 고추다대기를 비벼 김밥, 유부초밥, 삼각김밥으로 만든다.

매콤한 이 맛을 할머니는 더 좋아하지 않았을까?

2장

온전한

나의 하루를 위한 요리

지나가는 하루가 너무 아까운 밤

(자투리부침개)

(감자탕볶음밥)

시간이 빨리 간다는 것은 매일 똑같은 일상을 반복하고 있기 때문이라는 이야기를 들었다. 뇌는 흥미롭거나 충격적인 일은 오래 기억하지만 반대로 반복되는 일상은 잘 기억하지 못하기 때문이다. 생각해 보면 무엇이든 처음이었던 어린 시절은 기억나는 일이 많다. 엄마와 처음 돈가스를 만들던 날, 집 앞 트럭에서 염통 꼬치를 처음 먹은 날, 구구단을 처음 마주한 날. 하다못해 시계 읽는 방법을 배운 날까지 기억한다.

직장인이 되고 회사와 집을 반복하는 일상은 8년을 하고 있는데도 크게 기억나는 일이 많지 않다. 어제의 점심은커녕 간혹 오늘 뭘 먹었는지도 기억하지 못한다. 퇴근 후 저녁을 먹고, 씻은 후 흐리멍덩한 눈으로 스마트폰 스크롤을 내리고 있으면 금세 자야 할 시간이 다가온다. '아 이렇게 또 하루가 지나가나?' 쏟아지는 잠 사이로 지나가는 하루가 너무 아까워, 어떻게든 오늘 하루를 연장하고 싶은 마음으로 유튜브 알고리즘을 따라다닌다. 몇 분, 때로는 몇 시간을 버티지만, 별다른 소득 없이 그렇게 하루가 저물고 내일이 오면 다시 출근을 한다.

그 당연한 일상이 유난히 억울했던 날이었다. 억울한 밤,

나를 위해 냉장고 재료를 털어 야식을 만들었다. 평소라면 야식을 먹는 것도, 이 시간에 요리하는 것도 탐탁지 않았을 텐데 '직접 만들어 먹으면 칼로리도 덜하지 않을까?' 하며 흐린 눈으로 요리를 했다. 배달 음식이 아니라 야식을 직접 만들어 먹는 것만으로도 조금은 오래 기억할 수 있는 하루를 만들 수 있다. 어차피 배달 음식을 시키기에는 기다리는 시간도 아까운 밤이다.

일단 야식을 만들기로 결심하면 엉덩이를 씰룩이며 냉장고를 구석구석 뒤진다. 아무리 텅 비어 있는 상태라도 어떻게든 요리해 먹을 수 있는 재료가 눈에 띈다. 배달 음식에 딸려 온 각종 사이드 소스 그리고 찌개를 끓이고 남은 자투리 채소들. 사실 계란 하나만 있대도 그럴싸한 계란 볶음밥을 만들 수 있다.

오늘의 야식은 부침개다. 자투리 채소로 부침개를 만들어 먹을 생각에 겉옷부터 챙겨 입고 아래층 편의점으로 달려간다. 부침개에 막걸리가 빠질 소냐! 나는 요리를 하면서 술을 마시는 습관이 있다. 반신욕을 하거나 영화를 보면서 맥주 한 잔하는 것처럼 집에서 하는 요리는 나만의 놀이이기 때문에 무언가를 한 잔씩 곁들이게 된다. 막걸리를 홀짝이며 부침개 한 장을 부치다 보면 음식이 완성되었을 때쯤, 기분 좋은 취기로 음식이 더 맛있게 느껴진다.

탄수화물은 막걸리로 채웠으니 부침개에는 최대한 탄수화물을 덜어 낸다. 채소가 엉겨지는 정도로만 밀가루를 넣는다. 혼자 사는 좁은 주방에 부침가루, 튀김가루, 밀가루, 전분가루를 모두 구비해 놓기 어렵기 때문에 밀가루(중력분) 하나만 구입해 놓고 부침개, 튀김, 파스타 소스 등의 요리에 만능으로 활용한다. 시판용 부침 가루를 쓰는 것보다 맛은 조금 없겠지만 나에게는 맛소금과 연두가 있다.

해장으로 시켜 먹었던 순대국밥, 친구들과 배달시켜 먹은 회, 불금에 시켜 먹은 삼겹살 등… 주로 한식을 시켜 먹다 보니 냉장고 한 편에 각종 쌈 채소, 김치, 쌈장, 초장, 들깻가루가 쌓여 있다. 나는 이렇게 배달 음식에 딸려 온 재료를 활용해 볶음밥을 만든다. 달큰한 맛이 있는 쌈장은 볶음밥을 더욱 고소하게 해주는 완벽한 소스이다. 여기에 들기름, 들깻가루, 깻잎(우리가 쌈 채소로 먹는 깻잎은 들깨의 잎이다) 같은 들깨 재료를 조합하면 감자탕볶음밥 맛을 낼 수 있다. 돼지고기가 있으면 더욱 좋고 없어도 좋다.

평소라면 만들어 먹지 않았을 늦은 밤의 볶음밥 한 그릇과 부침개 한 장으로 온전한 나의 날, 오늘을 기억해 본다.

(자투리부침개)

재료(2장)	조리법

양파 ½개
단호박 ¼개
미나리 6줄기
풋고추 1개

❶ **재료 손질하기** 자투리 채소를 모두 채 썬다. 고추는 최대한 얇게 채 썬다. 채 썬 채소를 2종이컵 분량 준비한다.

밀가루 1종이컵
물 1종이컵
맛소금 3꼬집
설탕 1꼬집
참기름 0.5숟가락

❷ **반죽 만들기** 채소와 밀가루, 물의 비율 2:1:1이다. 볼이나 면기에 모든 재료를 넣고 섞어 부침 반죽을 만든다.

식용유 4숟가락

❸ **부침개 부치기** 팬을 뜨겁게 예열한 뒤 식용유를 넉넉하게 두른다. 반죽 사이로 뜨거운 기름이 들어가 노릇한 부침개가 만들어지도록, 적당한 틈을 주어 팬에 반죽을 올린다. 중불에서 노릇하게 지진다. 부침개 끝부분을 살짝 들어 구워진 정도를 확인하고 뒤집어 반대쪽도 노릇하게 지진다. 마지막으로 다시 뒤집어 처음 구웠던 면이 바삭해지도록 한다.

자취 요리 TIP

- 자투리부침개를 만들 때는 재료를 조합하는 세 가지 포인트만 유념하면 절대 실패하지 않고 맛있는 부침개를 만들 수 있다. 첫째, 익었을 때 달콤한 맛이 나는 재료(양파, 애호박, 단호박, 양배추 등)를 50% 넣는다. 둘째, 향긋한 재료(미나리, 깻잎, 참나물 등)를 넣는다. 셋째, 풋고추, 꽈리고추, 청양고추 등 청고추를 넣는다. 구운 고추에서 느껴지는 단맛, 칼칼한 맛, 구수한 향이 밋밋한 부침개에 개성을 더해 준다. 매운 음식을 잘 못 먹는 편인데도 자투리부침개를 할 때는 꼭 고추를 조금씩 넣는 편이다.

- 부침 반죽을 만들 때 설탕을 조금 넣어 주면 채소의 쌉싸름한 맛을 잡을 수 있고 참기름은 부침개의 고소한 맛을 한껏 올려준다. 같은 맥락으로 깨소금을 넣어도 좋다.

- 일반적으로 말하는 식용유, 조리유는 '음식을 만드는 데 사용하는 기름'이라는 뜻이다. 부침개, 볶음요리에 가장 맛있는 기름은 옥수수유다. 발연점이 높고 특유의 고소한 향미가 요리의 맛을 끌어올린다. 대부분 콩기름을 사용하는데, 무미, 무취, 무색의 기름은 모두 괜찮다. 미미한 향미 차이가 있지만, 포도씨유, 카놀라유, 해바라기씨유는 이에 해당한다. 반대로 흔히 사용하는 올리브유는 발연점이 낮고 향미가 진해 기본 조리유로 추천하지 않는다.

억울한 밤,

나를 위해 냉장고 재료를 털어 야식을 만든다.

(감자탕볶음밥)

재료

식용유 2숟가락
김치 ⅓종이컵
고춧가루 1숟가락
쌈장 2숟가락

밥 1인분
들기름 1숟가락
들깻가루 3숟가락
깻잎 5장
김 가루*

조리법

❶ **양념 볶기**　팬을 예열하고 식용유를 두른다. 김치는 국물을 빼고 가위로 잘게 잘라 넣는다. 고춧가루와 함께 중불에서 3분 볶는다. 김치의 수분이 날아가고 고추기름이 만들어지면 쌈장을 넣어 2분 더 볶는다.

❷ **밥 볶기**　밥과 들기름을 넣고 양념과 잘 섞이도록 볶는다. 밥이 잘 볶아지면 들깻가루를 넣고 깻잎을 돌돌 말아 가위로 송송 썰어 볶는다. 완성된 볶음밥 위에 김 가루를 뿌린다.

자취 요리 TIP

- 감자탕 국물로 만든 죽 같은 볶음밥을 원한다면, 물 1종이컵에 연두 1 숟가락을 섞은 육수를 들깻가루를 넣기 전에 조금씩 넣어 원하는 농도로 맞춘다.
- 김치를 볶을 때 베이컨이나 삼겹살을 썰어 넣으면 돼지기름이 우러나와 더 맛있는 볶음밥이 만들어진다.

배달 음식이 아니라 야식을 직접 만들어 먹는 것만으로도
조금은 오래 기억할 수 있는 하루를 만들 수 있다. 어차피
배달 음식을 시키기에는 기다리는 시간도 아까운 밤이다.

N잡러를 향하여

(베이컨스테이크)

(알감자구이)

점심시간 후 커피 타임. 삼삼오오 모인 직원들의 대화가 꽃핀다. 요즘 핫한 드라마, 여름휴가 계획, 주말에 먹었던 맛집 메뉴 등 평범한 소재가 떨어지면 주식, 부동산, 진로 계획과 같은 장래 주제로 넘어간다.

"코스피 진짜 무슨 일이야. 이 종목 털었어? 물 탈 거야? 총알 확보해야지."

"1인 가구도 생애 최초 특공 허용된다던데? 시행 일이 언제부터지?"

"경기 쪽으로 눈을 돌려야 하지 않을까? 서울 집값 어쩔 거야…."

이런 이야기를 하다 보면 대화의 끝은 어김없이 "뭐 해 먹고 살지?"로 이어진다. 근래 들어 취미나 재능을 살려 부업을 하는 N잡의 직장 동료가 많아졌다. 물가는 오르는데 월급은 그대로고, 준비해 놓은 노후 대비도 하나 없는데 정년은 짧아졌다. 이렇다 보니 한 직장에 모든 것을 올인하기가 쉽지 않다. 작게는 임대업부터 크게는 판매업까지 여러 가능성을 열어 두고 다양한 시도를 한다. 나 또한 N잡러를 꿈꾸며 이런저런 작은 도전을 했었다. 추가 소득을 만들겠다는 목표는 없었지만, 불안한 퇴직 이후의 삶에 보험 같은 것을 만들어 놓고 싶었다.

　　한번은 동료 연구원, 마케터와 함께 와인을 마시러 식품점인 '메종조'에 간 날이었다. 차원이 다른 샤퀴테리(charcuterie) 맛에 매료된 우리는 당장 그 주에 도전해 볼 법한 베이컨과 소시지를 만들었다. 재료와 방법을 바꿔 여러 번 시도한 과정을 인스타그램에 공유했는데 게시물을 보고 관심이 생긴 주변 사람들이 자기 것도 같이 만들어 달라고 요청을 해왔다. 어차피 만드는 김에 조금씩 더 만들어서 나눔을 했던 것을 계기로 인천 지인의 주방을 빌려 수제 베이컨을 판매하게 되었다. 몇십 킬로의 고기를 손질하는 것부터 염지, 훈연, 커팅, 포장, 택배까지 한 차례 치르고 나면, 남는 건 병이었지만 재미있었다. 본래 베이컨은 훈연과 건조 과정에서 고기 향과 감칠맛이 응축되는 것이 특징인데, 나는 훈연 향과 육즙이 살아 있는 두툼한 베이컨을 만들었고 그런 촉촉한 베이컨을 사람들은 오히려 좋아했다. 역시 삼겹살의 나라인가? 아무튼, 힘들어서 두 번은 못 하겠다고 생각할 무렵, 맙소사! 조리고등학교에 특강을 나

가게 되었다.

　나름대로 성공적으로 보이는 'N잡러 되어 보기'는 실패로 끝이 났다. 나의 소소한 베이컨 프로젝트를 경제적 기준으로 평가하자면 마이너스였기 때문이다. 대신 즐거웠던 포인트만 살려 평가하면 200% 달성이라 생각할 만큼 기대하지 않았던 깨달음이 있었다. 나의 의도를 정확하게 잡아내는 소비자들의 '맛있다.'는 칭찬에 꼬리를 방방 흔들며 좋아했고 '제조업은 무리겠다.' 하는 제2의 인생 계획에 대한 희끄무레한 답도 얻었다. 흐릿한 답일지언정 경험하지 않았더라면 몰랐을 것들이었다.

　최근, 우연히 연락이 닿은 대학 교수님을 만났다. 이런저런 사는 이야기를 하다가 요즘 들어 석사에 대한 고민이 생겨 교수님께 물어봤다. "석사를 할지 말지 고민이에요. 그 시간과 돈을 쏟았는데, 결과가 좋지 않으면 어떡해요?" 교수님은 "결과부터 생각하지 말고 공부하는 과정이 좋은 경험이 될 것 같은지 중심으로 생각해 보고 결정하는 거지."라고 답해 주었다. 결과는 시대에 따라 다르게 해석되지만, 과정의 즐거움과 배움은 온전히 내가 소유하는 것이라는 생각이 들었다.

　　이런 이유 덕분에, N잡러는 못 되어도 인생에 즐거움을 더해 주는 작은 도전을 계속하고 있다. 요즘에는 한두 달에 한 번, 주말 하루를 할애하여 버려지는 못난이 농산물로 요리하고 있다.

　　함께 식재료 연구를 했던 기획자가 지역 로컬 마켓에 나와 보겠냐고 제안한 것이 시작이었다. 마침 채소 요리에 진심인 언니가 있어 '히히자매'라는 이름을 만들고 지역 농산물의 생산과 유통에 대해 배우며 소소한 요리를 하게 되었다. "너무 맛있는데 이게 다 못난이로 만든 건가요?"라며 못난이 농산물에 관심을 갖게 된 소비자와 "저의 못난 자식을 명품 옷으로 멋지게 보살펴 준 느낌입니다. 왜 농부들이 셰프를 좋아하는지 알겠어요."라고 말씀해 주시는 농부님을 만나며 또 꼬리를 방방 흔드는 시간을 보내고 있다.

(베이컨스테이크)

재료

당근 ½개
꽃소금 5꼬집
딜 1줄기
레몬 즙 1숟가락
디종 머스타드
0.5숟가락
후춧가루 약간
올리브오일 2숟가락

통베이컨 1줄

조리법

❶ **당근라페 만들기**

· 당근은 감자 필러를 이용하여 얇고 길게 썬다. 꽃소금을 버무려 10분 절인다.

· 딜을 1cm 길이로 썬다.

· 손으로 당근의 물기를 짜내고 레몬 즙, 디종 머스타드, 후춧가루를 넣어 무친다. 마지막에 올리브오일과 딜을 넣어 버무린다.

❷ **통베이컨 굽기** 통베이컨은 2cm 두께로 썬다. 팬을 예열한 뒤 중약불에서 속까지 따뜻해지도록 앞뒤로 노릇하게 굽는다. 에어프라이어가 있다면 통째로 180℃에서 15분 굽는다.

❸ **그릇에 담기** 접시에 당근라페를 담고 구운 베이컨을 올린다.

자취 요리 TIP

- 요즘에는 마트에서도 손쉽게 두툼한 두께의 베이컨을 구입할 수 있다. 'CJ 더 건강한 통베이컨' 또는 '존쿡 델리미트의 통베이컨'을 구입하여 반으로 썰어 굽는다.
- 홀그레인 머스타드는 겨자씨에 소금, 식초, 향신료 등을 첨가하여 만들고 디종 머스타드는 분쇄한 겨자씨에 와인, 소금, 향신료 등을 혼합하여 만든다. 와인을 섞어 톡 쏘는 맛이 나면서 후미가 부드럽고 향긋하다. 이런 향긋한 끝 맛 때문에 식초나 올리브오일을 섞어 만드는 드레싱에는 홀그레인 머스타드보다 디종 머스타드가 더 잘 어울린다.

나의 의도를 정확하게 잡아내는 소비자들의 '맛있다.'는 칭찬에
꼬리를 방방 흔들며 좋아했고 '제조업은 무리겠다.' 하는
제2의 인생 계획에 대한 희끄무레한 답도 얻었다.

(알감자구이)

재료	조리법

알감자 5개

❶ **알감자 찌기** 알감자는 껍질째 먹기 때문에 겉에 묻은 흙을 깨끗이 씻는다. 넉넉한 크기의 깊은 그릇에 알감자를 담고 랩을 씌운 후 전자레인지(700W)에 10분 찐다.

적양파 ½개
꽃소금 5꼬집
설탕 0.5순가락
레몬 즙 1.5순가락
생강 1톨(손톱 크기)
마요네즈 3순가락

❷ **사이드 만들기**

· 적양파는 결 반대 방향, 0.3cm 두께로 채 썬다. 분량의 꽃소금, 설탕, 레몬 즙을 넣어 버무린다.

· 생강은 껍질을 제거하고 치즈 그레이터로 곱게 갈아 마요네즈와 섞는다. 치즈 그레이터가 없으면 곱게 다진다.

꽃소금 ¼순가락
버터 2순가락
올리브오일 1순가락
로즈메리 1줄기*

❸ **알감자 굽기** 찐 알감자를 하나씩, 그릇이나 컵으로 눌러 납작하게 만든다. 예열된 팬에 납작하게 누른 알감자를 담고 꽃소금을 뿌린다. 버터와 올리브오일, 로즈메리를 넣어 중불에서 바싹하게 굽는다. 자주 뒤집으면 감자가 부서질 수 있으니, 최대 두 번만 뒤집는다.

❹ **그릇에 담기** 그릇에 바싹하게 구운 감자를 담고 사이드로 만들었던 적양파무침과 생강 마요네즈를 얹는다.

자취 요리 TIP

- 로즈메리는 없어도 괜찮지만, 버터에 구운 감자와 로즈메리의 향긋한 향이 잘 어울려 넣는 것을 추천한다.
- 생강은 신선도가 조금만 떨어져도 오래된 생선 냄새가 난다. 생강은 미리 갈아 둔 것이 아닌, 번거롭더라도 사용 직전에 껍질을 벗기고 간 것을 추천한다. 이전에는 느끼지 못했던, 향기로운 향을 느낄 수 있다.
- 생양파의 아삭한 식감을 살리고 싶을 때는 결 방향대로 채 썰고, 단시간에 새콤한 양념이 잘 버무려지도록 하기 위해서는 결 반대 방향으로 썬다.

과정의 즐거움과 배움은

온전히 내가 소유하는 것이라는 생각이 들었다.

자취생의 장바구니

(파프리카 소프리토)

(탄탄멘)

시장에 가면 계절의 변화를 느낄 수 있다. 푸릇한 나물 향이 가득한 봄, 시원하고 달콤한 수박이 있는 여름, 온갖 과일과 채소로 풍성한 추수의 계절인 가을. 그리고 봄, 여름, 가을을 묵나물로 만날 수 있는 겨울.

어린 시절, 재래시장에 가는 날은 불고기버거와 딸기셰이크를 먹는 날이었다. 시장에 가는 날은 햄버거를 먹는 날이라는 기억 때문인지 아니면 식재료 기초연구 시절, 업무상 시장에 많이 가려고 노력했기 때문인지 모르겠지만 나는 시장 구경, 장보기를 무척 좋아한다.

날씨가 좋은 날은 조금 돌아가더라도 서울중앙시장을 가로질러 퇴근한다. 회사에서는 짧게는 3개월, 길게는 6개월 후의 계절에 맞춰 일을 하느라 현재의 계절을 온전히 느끼지 못한다. 차가운 음식을 먹는 여름에, 가을 시즌 메뉴를 기획하고 겨울 시즌의 따뜻한 식품을 개발한다. 퇴근 후, 서울중앙시장을 가로질러 가는 5분은 짧은 시간이지만 현재의 계절을 느끼기 충분하다. 텃밭에서 소중하게 길러 낸 작물을 수확해 오신 길거리 노점상의 할머니 식재료는 계절의 변화를 더욱 적나라

하게 보여 준다.

　서울은 사람이 많은 곳이라 다양한 볼거리나 즐길 거리가 있는 시장이 많다. 경동시장 지하는 40년 된 지하 '도시'라 불릴 만큼, 많은 식당이 얽히고설켜 있다. 바쁜 상인과 손님들이 시장을 오가며 국밥 한 그릇에 막걸리 한잔을 걸칠 수 있는 이 식당들은 주방과 식탁의 경계가 모호한 바(Bar) 형태로 만들어져 있다. 한동안은 음식을 만드는 사람과 먹는 사람의 거리가 가까운 이곳의 생김새에 매료되어 지하 한 편에 즉석 '전'집을 차리는 상상을 했었다. 자고로 튀김과 전은 만들자마자 주워 먹는 게 제일 맛있고, 맛있는 안주에는 막걸리가 빠질 수 없으니, 금상첨화다.

　이러쿵저러쿵 얘기해도 푸짐한 양으로 승부를 보는 재래시장은 혼자 사는 사람에게 어려운 곳이다. 자취하는 직장인들은 남은 재료가 걱정되어 같은 가격이더라도 양이 적은 것을 고르는 게 습관이 되어 있다. 그럴 땐 자취하는 직장 동료와 함께 시장에 들러 각자 구입한 재료를 조금씩 나눠 갖는다. 청량리 청과시장에서 구입한 살구 한 바구니는 어느새 토마토와 복숭아까지 섞인 모듬 바구니가 된다. 먹을 게 많아도 골칫거리인 자취생의 마음을 공감해 줄 수 있는 것은 역시 자취생뿐이다.

　　나는 요즘 온라인 마켓을 애용한다. 불과 5년 전까지만 해도 직접 고른 상품이 아니라 남이 고른, 그것도 마트가 고른 제품을 구입하는 것에 불신이 있었다. 그런 내가 퇴근 중 지하철에서 스마트폰으로 장을 보고 있다. 그것도 아주 익숙하게. 적은 재고로 품절되기 일쑤였던 허브류(세이지, 고수, 타임), 각종 해외 소스 그리고 강남 어디에 있다는 맛집의 빵까지, 직접 방문하거나 가게 앞에서 기다리지 않아도 집 앞으로 배송되는 편리함을 몸소 경험하고 있다. 이런 이유로 할 일 없는 주말에는 재료도 볼 겸, 저녁 메뉴도 생각해 볼 겸, 데이트도 할 겸, 겸사겸사 시장으로 외출한다. 출근하는 평일이나 예정된 모임으로 바쁜 날에는 온라인 마켓으로 장을 본다.

　　마켓컬리는 '미로식당'의 떡볶이처럼 보장된 맛의 RMR (Restaurant Meal Replacement) 밀키트 제품과 와인 그리고 함께 먹으면 좋은 올리브, 버터, 빵, 샤퀴테리 등 고품질의 제품이 많다. 나는 항상 '타르틴 베이커리'의 포리지 하프를 하나씩 구입하는 편이다. 냉동실에 넣어 놓고 와인 안주로 한 조각, 늦은 야식으로 한 조각, 든든한 아침으로 한 조각 썰어 먹는다. 좋은 버터에 맛있는 소금만 얹어 먹어도 좋지만 간편하게 스크램블을 올려 먹거나 수프를 찍어 먹어도 좋다. 어느 날은 비스트로에서 일하는 학교 후배가 파프리카 볶음처럼 보이는 무언가를 사워 브레드에 얹어 먹는 것을 보고 포리지 하프와 함께 초리조 한 팩, 파프리카 두 개를 장바구니에 담았다.

쿠팡에서는 흑임자 파우더(P.210 참고)처럼 업소용 재료나 해외 소스, 향신료를 구입한다. 오프라인 마트에서는 구하기 어려운 제품이라, 쿠팡에서 다른 제품을 살 때 하나씩 같이 주문해 본다. 일본의 네리고마(참깨 페이스트), 중국의 라조장(고추기름 소스), 오향분, 산초 분말 등. 요리의 가장 기본은 신선하고 맛있는 재료이지만 항상 신선한 재료를 구비할 수 없는 자취생에게 맛있는 소스와 향신료는 평범한 요리를 개성 있게, 어려운 요리를 더욱 쉽고 맛있게 만들어 주는 치트 키 같은 존재다.

(파프리카 소프리토)

재료

조리법

사워 브레드
1.2cm 2장
파프리카 2개
초리조 13장

올리브오일 5숟가락
꽃소금 5꼬집

❶ **재료 준비하기** 사워 브레드는 1.2cm 두께로 썰어 180℃의 에어프라이어에 10분 굽는다. 파프리카는 반으로 갈라 씨를 제거하고 결 반대 방향, 0.3cm 두께로 채 썬다. 초리조는 0.5cm 두께로 채 썬다.

❷ **조리기** 냄비에 파프리카, 초리조, 올리브오일을 넣고 중약불에서 천천히 20분 조린다. 재료가 눌어붙지 않도록 한 번씩 젓는다. 파프리카 숨이 다 죽으면 입맛에 맞게 꽃소금 간을 한다. 초리조는 제품에 따라 염이 다르기 때문에 꼭 맛을 보고 간을 더한다.

❸ **그릇에 담기** 바삭하게 구운 사워 브레드 위에 소프리토를 올린다.

자취 요리 TIP

- 사워 브레드가 아닌 바게트, 깜파뉴 등을 사용해도 좋다.
- 초리조의 경우 제품마다 1장의 크기가 모두 다르다. 재료를 구입할 때 표기된 무게를 참고하면 저울 없이도 쉽게 무게를 가늠할 수 있다.

좋은 버터에 맛있는 소금만 얹어 먹어도 좋지만

간편하게 스크램블을 올려 먹거나 수프를 찍어 먹어도 좋다.

(탄탄멘)

재료

조리법

대파 ¼대
다진 고기 75g
라오깐마 라조장 1순가락
꽃소금 2꼬집

❶ **소보로 볶기** 대파는 0.5cm 두께로 송송 썬다.
팬에 다진 고기와 대파, 라조장, 꽃소금을 넣
어 노릇하게 볶는다.

청경채 1개*
중화 면 1인분

❷ **청경채, 중화 면 삶기**
·   청경채는 길게 반으로 가른다. 냄비에 물을 반
만 채워 끓인다. 끓는 물에 청경채를 30초 데
친 후, 청경채만 건져 찬물에 헹군다.
·   같은 물에 중화 면을 3분 삶는다. 제품에 따라
조리 시간을 가감한다. 찬물로 헹궈 밀가루 내
를 씻어 내고 물기를 털어 낸다.

양념 재료:
설탕 0.5순가락
산초 분말 2꼬집
후춧가루 2꼬집
연두 1순가락
참깨 페이스트 2순가락
라오깐마 라조장 1순가락
참기름 1순가락

❸ **그릇에 담기** 그릇에 양념 재료를 순서대로 계
량하여 섞는다. 면을 담고 ❶의 고기 소보로와
데친 청경채를 올린다.

자취 요리 TIP

- 참깨 페이스트는 타히니, 즈마장, 땅콩버터를 사용해도 좋다. 개인적으
  로 참깨의 고소한 맛이 강하고 부드러운 '시로쥰 네리고마'를 선호한다.
  라조장은 고추기름으로 대체하여도 좋다.
- 다진 고기는 소고기, 돼지고기 관계없이 모두 잘 어울린다. 고기 소보로
  대신, 에어프라이어에 구운 만두, 닭다리 구이 등을 얹어 먹어도 맛있다.

항상 신선한 재료를 구비할 수 없는 자취생에게
맛있는 소스와 향신료는 치트키 같은 존재다.

혼자라서 서러울 때

(들깨미역국)

(시금치된장죽)

어릴 적, 떡두꺼비 같은 나를 낳다가 엄마는 정말 죽을 고비를 넘겼다. 반면에 열 달 동안 온 힘을 다해 나를 품어 준 엄마 덕분에 나는 아주 건강하게 태어났다. 가족들이 모이면 아가 때 나의 모습에 대해 빼놓지 않고 하는 이야기가 있다. 갓 태어난 아기임에도 혼자 젖병을 들고 우유를 먹었고 이유식을 시작했을 무렵에는 밥을 씹지도 않고 2초 컷으로 식사했다고 한다(거의 탄생 신화 급이다). 밥 한 숟가락을 입에 넣으면 하루 종일 먹는 언니와 달라서 할머니는 유난히 나를 예뻐했다.

　　잘 먹고 튼튼해서인지 어린 시절 크게 아팠던 기억도 없다. 아웃백 부시맨 브레드와 망고 스프레드 조합에 눈 뜬 어느 날, 과식으로 병원에 실려 갔고 맹장염 수술을 받았던 날이 가장 아팠던 날이었다.

　　별로 아픈 날 없이 항상 개근하며 살던 내가 크게 아팠던 적이 있다. 대상포진이라는 단어 자체도 몰랐던 23살 소싯적, TV 드라마 속 암 환자들이 떨리는 손으로 진통제를 집어 다급하게 입으로 털어 넣고, 한숨을 돌리는 장면이 실제 내 삶에서 일어났다. 그때 나는 미국에서 혼자 1년간 일을 하고 있었는데

수포를 단순 두드러기로 생각하고 일주일이나 방치해 그 대가를 호되게 치렀다. 몸살과 신경통이 겹쳐 잠을 제대로 자지 못했고 두세 시간쯤 쪽잠을 자고 나면 고통에 몸부림치며 일어나 앞이 보이지도 않는 상태로 진통제를 더듬더듬 찾아 먹었다.

미국의 약 처방 시스템을 잘 모르는 탓에 어려움이 많았다. 한국이었다면 '허벅지 두드러기 아픔'이라고 검색해 볼 필요 없이, 동네 병원에 가서 상처를 보여 주고 관련 약을 구입하면 될 일이었다. 30분도 채 걸리지 않았을 텐데, 외국인에게는 모든 것이 어려웠다. 의사를 만나는 것부터 처방전을 받아 약을 구입하는 것까지. 다행히 봉사활동 중인 닥터를 만나 예정보다 빠르게 처방전을 받았지만 대상포진 바이러스 약은 가격도 비쌌고, 진통제는 효과가 강한 약이라 구입 절차도 까다로웠다. 나는 발현 시점부터 2주가 지나서야 약을 먹을 수 있었는데, 그 시간 동안 대상포진을 방치할 경우 얻게 되는 다양한 합병증에 대한 걱정으로 공포에 떨었다. 스스로를 위해 아무것도 할 수 없어서 기다려야만 하는 그 시간, 혼자라서 서러웠다.

약을 먹고 거의 다 나았을 무렵 한국에서 택배가 도착했다. 택배 속에는 한국 약봉지가 가득 들어 있었다. 나의 상황에 애가 탄 엄마가 약을 구해 보냈는데, 그게 한참 후에나 도착한 것이다. 그날 나는 약봉지를 들고 한참을 울었다. 지금은 스스로를 돌볼 수 있는 상황과 힘이 있지만, 그래도 아플 때는 유독 엄마 생각이 많이 난다. 엄마가 만들어 주는 미역국과 된장국. 한 솥으로 끓여 놓고 일주일 반찬으로 주던 이 지겨운 음식이 이제는 나를 돌보는 요리가 되었다.

미역국은 언제나 오늘 끓인 것보다 어제 끓인 것이 더 맛있다. 푹 익힌 미역과 소고기에서 나오는 감칠맛이 일품이다. 엄마는 주말에 오는 가족이 맛있는 미역국을 먹을 수 있도록 최대한 이른 시간, 아롱사태를 듬뿍 넣어 미역국을 끓인다. 조금만 끓이면 질긴 사태 부위지만 오랜 시간 푹 삶아 쫄깃한 식감을 내도록 정성을 쏟는다. 소고기를 넣어 적당히 기름진 미역국을 좋아하는 가족들과 달리 정작 본인은 기름기 없는 담백한 미역국을 좋아한다. 미역으로만 깔끔하게 끓여 낸 국에 직접 농사지은 들깻가루를 풀어 고소한 맛을 살린다. 나도 아롱사태가 듬뿍 들어간 미역국을 좋아하지만 자취 집에서는 만들기 쉬운 엄마의 고소한 들깨미역국을 자주 끓인다.

엄마의 된장국은 보이는 것과 달리 재료 하나하나에 정성이 들어 있어 쉽게 흉내 낼 수가 없다. 봄에 강원도 산에서 채취한 봄나물을 데친 후 냉동해 두었다가 잘 끓여 낸 멸치 육수에 풀어 낸다. 여기에 할머니표 시골 된장과 송송 썬 대파만 넣으면 완성된다. 매주 금요일 저녁, 아빠는 항상 이 향긋하고 구수한 된장국을 찾았다. 나는 이 된장국이 얼마나 지겨웠는지, 자취 초반에는 소고기를 듬뿍 넣은 묵직한 된장찌개만 끓여 먹었다. 하지만 지금은 종종 쑥, 냉이, 시래기 등 나물 한 종류만 넣어 구수하고 시원하게 끓여 낸 된장국이 생각난다. 엄마가 끓인 것과 똑같은 맛을 낼 수는 없지만, 된장을 구입할 때 밀이 들어가지 않은 콩된장을 구입하고 그 시기에 제일 맛있는 제철 나물을 구입한다.

(들깨미역죽)

재료	조리법

자른 미역 2숟가락

❶ 재료 손질하기 자른 미역은 미지근한 물에 5분 불린다.

들기름 1숟가락
물 2.5종이컵
연두 1.5숟가락

❷ 미역국 끓이기 냄비에 들기름을 두르고 불린 미역을 살짝 볶아 미역의 비릿한 향을 날리고 들기름의 고소한 향을 입힌다. 물과 연두를 넣고 한소끔 끓으면 냄비 뚜껑을 비스듬히 덮어 15분 이상 중약불에서 뭉근하게 끓인다.

찬밥 1인분
다진 마늘 0.5숟가락
거피 들깻가루
1.5숟가락

❸ 죽 끓이기 국물이 뽀얗게 우러나면 찬밥, 다진 마늘을 넣고 10분 이상 저어 가며 끓인다. 죽이 완성되면 마지막에 거피 들깻가루를 넣어 마무리한다.

자취 요리 TIP

- 건미역은 저장이 용이한 대신 불리는 시간이 필요하고 끓일수록 부드
  러운 식감을 갖는 것이 특징이다. 반면, 염장미역은 오래 끓여도 식감이
  꼬들꼬들하고 뽀얀 국물이 사골처럼 구수하다. 생미역이기 때문에 건
  미역보다 바다 향이 진하게 느껴진다. 염장미역은 흐르는 물에 소금을
  씻어 내고 찬물에 5분 정도 담가 두었다가 사용한다.
- 개인적으로 '흙 속의 진주, ASC 기장 숙성 미역'을 좋아하는데, 냉동 보
  관해 놓으면 꽤 오래 보관이 가능하기 때문에 구비해 놓고 미역국, 된장
  국, 죽, 라면 등 다양한 방법으로 먹는다.

스스로를 위해 아무것도 할 수 없어서

기다려야만 하는 그 시간,

혼자라서 서러웠다.

(시금치된장죽)

재료	조리법

표고버섯 3개
시금치 4뿌리

물 2.5종이컵
된장 2순가락
찬밥 1인분
참기름 0.5순가락

❶ **재료 손질하기** 표고버섯은 밑동과 갓을 분리한다. 밑동은 균사체가 묻어 있는 아랫부분을 제거하고, 결대로 잘게 찢는다. 갓은 얇게 썬다. 시금치는 깨끗이 씻어 4~5cm 길이로 썬다.

❷ **죽 끓이기** 냄비에 물과 된장, 표고버섯을 넣어 끓인다. 물이 끓으면 찬밥을 넣고 중약불에서 밥이 퍼지도록 뭉근하게 끓인다. 죽이 완성되면 시금치를 넣고 부드럽게 익도록 더 끓인다. 마지막에 불을 끄고 참기름을 섞는다.

자취 요리 TIP

- 버섯은 수분을 잘 흡수하기 때문에, 물에 헹구거나 담가 놓으면 탄력이 줄고 식감이 떨어진다. 따라서 버섯은 물로 세척하지 않고 겉에 묻은 이물질을 마른행주나 키친타월로 털어 낸다. 갓의 뒷면, 주름 사이에 낀 검은 포자와 나무껍질은 손바닥에 내려쳐 털어 낸다.
- 된장국, 된장찌개는 누구나 평소 쉽게 접하는 음식이라 개인마다 좋아하는 재료가 있다. 시금치, 표고가 아니더라도 각자 좋아하는 재료(쑥, 아욱, 감자, 애호박, 건새우, 팽이버섯, 양파, 두부 등)를 조합하여 취향껏 된장죽을 만들어 봐도 좋다.

엄마의 된장국은 보이는 것과 달리

재료 하나하나에 정성이 들어 있어 쉽게 흉내 낼 수가 없다.

여초 회사의 다이어트 내기

(루콜라에그샐러드)

(연어스테이크)

나는 구몬 학습지를 10년 넘게 해온 구몬 백점이 회원이었다. 학생 때는 하루에 몇 장 안 되는 학습지를 꾸준히 하는 게 힘들었다. 매일의 작은 분량을 회피하다가 구몬 선생님이 오시는 날, 쌓여 버린 학습지를 해치우기 바빴다. 1교시와 2교시 사이, 10분의 쉬는 시간을 이용해 기계처럼 답을 베끼거나 소각장으로 향하는 종이 상자에 학습지를 미끄러트리고 '학습지가 없어졌어요.'라며 완전 범죄를 꿈꿨다. 뛰는 놈 위에 나는 놈이라 했던가? 그때마다 선생님은 학습지가 없어질 것을 알고 있었던 사람처럼 학습지를 추가로 준비해 오셨다.

성인이 된 지금까지도 숙제를 하고 있다. 구몬 학습지가 아닌, 다이어트다. 매일의 작은 실천이 어려워 회피하다 불어난 살을 처리하기 위해 급하게 뭐라도 해보지만 큰 성과 없이 끝나 버리는 그것.

나의 첫 직장은 여초 회사로 유명한 회사였다. 입사 초기에는 남초 회사와의 소개팅이 잦을 줄 알았다. 참, 젊고 순수했다. 소개팅은 아니지만 기대한 만큼 많이 해본 것이 있으니, 바로 '다이어트 내기'다. 다이어트 내기를 많이 해봤다는 말은 곧

다이어트를 성공한 적이 없다는 것을 방증한다. 대부분의 다이어트 내기는 소각장에 흘린 학습지처럼 자연스럽게 사라지기 일쑤였고 간혹 다이어트에 진심인 구성원 덕분에 내기가 계속 진행이 되더라도 1~2교시에 급하게 해치워 낸 다이어트로는 큰 효과를 볼 수 없었다. 그 시절, 미미하게 체중이 줄어든 이유는 매주 점점 더 가벼워진 옷차림 때문이 아니었을까? 어찌 됐든 별 효과 없이 끝났던 다이어트 내기는 똑같은 학습지를 다시 받았던 학창 시절처럼 다시 시작되었다.

놀랍게도 그 많던 내기 중, 내가 1등을 한 적이 있었다. 4명이 함께하는 30만 원어치 내기는 1등만 면제, 2등이 6만 원, 3등이 9만 원, 4등이 15만 원을 모아 다 같이 스시 오마카세에 가는 것이었다. 우리는 각자 자기만의 방식으로 1등을 공략했다. 물 2L 마시기, PT 운동, 저녁 굶기, 다이어트 약의 도움받기 등. 그리고 평소와 다르게 매주 월요일, 주간 회의처럼 진행했던 몸무게 체크 날에 모두 좋은 성과를 보여 주었다.

여느 때와 같이 적당히 설렁설렁 참여하고 있던 나는 구성원들의 열의를 보며 정신을 차렸고 생에 첫, 유료 홈트를 시작했다. 홈트 첫날 트레이너 선생님이 나에게 물었다. "당근이 좋으세요? 채찍이 좋으세요?" 첫 대화에 이런 질문을 하실 만큼 전략적인 사람이 작정하고 채찍을 들면 얼마나 무서울까 하는 두려움이 들어 "당근! 당근! 당근이요!"라고 답했다. 역시 프로는 달랐다. 트레이너 선생님은 다른 사람들의 체중과 속도에 신경 쓰지 않고 나만의 페이스를 지켜, 꾸준한 다이어트가 가능하도록 당근을 주셨다. 그렇게 3개월의 꾸준함으로 8kg을 뺐고 1등을 거머쥐었다.

우승 당일 아침 9시, 기쁨의 소리를 지르며 재빠르게 '배달의 민족'을 켜고 짜장면과 탕수육을 주문했다(쉬는 날이었다). 아침 햇볕을 받으며, 빈속에 먹는 짜장면, 탕수육 그리고 고량주의 맛은 공짜 오마카세보다 달콤했다.

타고난 식욕이 왕성한 터라 하루하루가 치밀어 오르는 식욕과의 전쟁이었다. 배고픔이 몰려오는 저녁에는 야식의 유혹을 극복하기 위해 지금은 못 입지만 한때 좋아했던 청바지, 지퍼가 반쯤 잡기는 원피스를 입었다 벗기를 반복했다. 원룸

패션쇼를 성황리에 잘 마치더라도 간혹, 저녁 식사가 만족스럽지 않았던 날은 야식의 유혹을 뿌리치지 못하고 냉장고를 열고 닫기를 반복했다.

다이어트 중에는 포만감이 부족하더라도 만족감을 느낄 수 있는 음식이 필요했다. 작심삼일 다이어트를 작심 삼 개월로 만들어 줄 수 있는 음식. 양은 부족하지만 맛있게 잘 먹었다고 느낄 수 있는 음식. 나는 초록색 채소와 단백질로 채워진 진부한 샐러드 한 끼로도 이런 만족스러운 식사가 가능하도록 이런저런 시도를 했다.

1. 다양한 종류의 산미

평소 드레싱을 따로 구입하거나 만들지 않고, 간장 계란밥에 간장과 참기름을 휘두르듯 샐러드에 소금, 후추, 식초, 올리브오일을 뿌려 먹는다. 이때 양조식초 대신 레몬 즙, 라임 즙, 유자 즙, 오렌지 등 다양한 종류의 산미 재료를 뿌려 주면 똑같은 샐러드도 손쉽게 새로워진다.

2. 다양한 종류의 잎채소

요즘에는 다양한 종류의 잎채소를 마트에서 어렵지 않게 구입할 수 있다. 루콜라, 버터헤드 레터스, 프리세, 라디치오, 앤다이브 등. 이름만큼이나 맛도 다양하다. 자칫 평범할 수 있는 에그샐러드에 쌉싸름한 루콜라와 향긋한 유자 즙을 곁들여 향긋한 향미의 샐러드를 만든다.

3. 좋아하는 단백질

항상 구비해 놓고 먹는 닭가슴살이나 계란이 질릴 때는 특별한 단백질을 구입한다. 개인적으로 해산물을 좋아해서 연어나 삼치, 오징어 같은 해산물을 구입하는데 줄어든 외식 비용을 활용한 단백질 쇼핑이 쏠쏠하게 재미있다.

그리고 열심히 노력한 어느 날 정말 먹고 싶었던 짜장면 한 그릇으로 보상을 해주는 것도 좋다. 어차피 끝나지 않을 숙제이니, 좀 즐겨 보지 뭐.

(루콜라에그샐러드)

재료

조리법

식초 약간
계란 2개

❶ **반숙란 삶기** 냄비에 물을 끓인다. 끓는 물에 식초를 넣고 계란 2개를 넣어 7분 삶는다. 이때, 끓는 물에 계란을 넣으면 온도 차 때문에 계란 껍데기에 금이 갈 수 있다. 금이 간 부분으로 계란이 흘러나오지 않도록 끓는 물에 식초를 넣는다. 계란은 7분 삶은 후 바로 찬물에 담가 식힌다.

와일드 루콜라 1줌
유자 즙 1숟가락
꽃소금 1꼬집
통후추 간 것 약간
올리브오일 1숟가락
견과류 2숟가락

❷ **그릇에 담기** 깨끗이 씻은 루콜라는 가위로 먹기 좋게 잘라 그릇에 담고 그 위에 반으로 가른 반숙 계란을 올린다. 유자 즙을 한 바퀴 두르고 꽃소금과 그라인더로 간 통후추를 뿌린다. 마지막에 올리브오일을 한 바퀴를 두르고 좋아하는 견과류를 뿌린다.

자취 요리 TIP

- 루콜라는 잎이 동글동글한 일반 루콜라(로켓 샐러드)와 잎이 뾰족한 와일드 루콜라가 있다. 둘 다 맵고 쌉싸름한 풍미를 갖고 있지만 동글한 일반 루콜라보다 뾰족한 와일드 루콜라의 향미가 더 부드럽다. 다른 잎채소를 섞지 않고 루콜라 하나로만 샐러드를 먹을 때는 와일드 루콜라의 어린잎을 구입한다.

- 반숙 계란은 미리 만들어 냉장 보관해 놓고 먹으면 편리하다. 냉장고에 3~4일 보관 가능하다. 미리 계란을 삶아 둘 때는 껍질을 벗기기 쉽도록 삶은 계란을 바로 찬물에 식힌 뒤 보관한다.

- 시중에 판매하고 있는 유자 즙은 용량이 많은 편인데, 사용할 만큼만 남겨 놓고 나머지는 냉동 보관한다. 이때, 조미료 용기로 다 쓴 연두 병을 재활용하면 편리하다. 젓가락을 뚜껑에 걸치고 지렛대 원리를 이용하여 뚜껑을 분리해 낸 다음 내용물을 채워 넣어 사용한다.

- 향긋한 풍미의 루콜라, 유자 즙, 올리브오일의 조화도 좋지만 고소한 버전의 루콜라, 양조식초, 들기름의 조합도 좋다. 들기름을 드레싱으로 쓸 때는 '생들기름'을 사용한다.

루콜라, 버터헤드 레터스, 프리세, 라디치오, 앤다이브 등.
이름만큼이나 맛도 다양하다.

(연어스테이크)

재료	조리법

시금치 5뿌리
연어 필렛 150g

❶ **재료 손질하기**　시금치는 잎이 서로 붙어 있도록 뿌리를 자르지 않고 칼로 뿌리의 흙만 긁어 깨끗이 씻는다. 연어는 껍질이 바삭하게 구워지도록 키친타월로 감싸 물기를 제거한다.

올리브오일 0.5순가락
꽃소금 1꼬집

❷ **시금치 굽기**　팬을 예열하고 올리브오일을 둘러 시금치를 굽는다. 꽃소금 간을 약하게 한다. 시금치가 골고루 익지 않고 팬에 닿은 곳만 탄다면, 물을 1~2순가락 넣어 전반적으로 익을 수 있도록 한다. 그릇에 구운 시금치를 담는다.

꽃소금 2꼬집
올리브오일 1순가락
레몬 1/2개
버터 1순가락

❸ **연어 굽기**　연어에 꽃소금을 뿌려 간을 한다. 시금치를 구웠던 팬에 올리브오일을 더 넣고 연어의 껍질 부분부터 굽는다. 연어가 말리지 않고 평평하게 팬에 닿도록 30초 정도 살짝 누른다. 2~3분 더 굽고, 뒤집어 반대쪽을 굽는다. 레몬 즙을 짜낸 뒤, 레몬 단면이 팬에 닿도록 놓는다. 버터를 넣고 1~2분 굽는다. 시금치 위에 연어 구이와 레몬을 담는다.

재료

조리법

홀그레인 머스타드
0.5숟가락
통후추 간 것 약간

➍ **소스 만들기** 불을 끄고, 팬에 남겨진 레몬 즙, 버터에 홀그레인 머스타드를 섞어 소스를 만든다. 완성된 연어스테이크에 소스와 통후추를 갈아서 뿌린다.

자취 요리 TIP

- 해산물의 경우, 가열 온도와 시간이 조금만 초과해도 쉽게 건조해지고 질겨진다. 완벽하게 조리하겠다는 무거운 마음을 갖기보다 '약간 덜 익혀야지!' 하는 가벼운 마음으로 요리하면 쉽게 만들 수 있다.
- 연어에 후추를 뿌려 구우면, 팬에서 후추가 쉽게 탄다. 담백한 생선의 맛을 살리기 위해 후추를 마지막에 뿌린다.

개인적으로
해산물을
좋아해서 연어나
삼치, 오징어
같은 해산물을
구입하는데
줄어든 외식
비용을 활용한
단백질 쇼핑이
쏠쏠하게
재미있다.

재택근무와 모닝커피

(흑임자 아인슈페너)

(오렌지비앙코)

올해 가장 행복했던 순간을 손꼽는다면 7일간의 자가 격리를 빼놓을 수 없다. 평소 편도염을 앓아서 맷집이 생긴 것인지 혹은 7일간 집에서 푹 쉴 수 있다는 안도감 때문인지 모르겠지만, 코로나는 큰 아픔 없이 지나갔다.

격리 초반에는 예상치 못한 확진 때문에 업무를 조정하느라 당황스러웠다. 당장 끝내야 하는 개발 건이 있어서 자취집의 좁은 주방에서 테스트를 해야 했고, 요리하는 직원이 집에 있는데 갑작스럽게 방송 PPL 촬영이 잡히는 웃지 못할 해프닝도 있었다. 하지만 당황스러웠던 업무를 마무리하고는 쌓여있던 일을 한 차례 비워 낼 수 있어 마음이 후련했다.

중간중간 꿀 같은 일탈도 있었다. 밥을 먹고 3~4시쯤 잠이 몰아치면 과감히 낮잠 시간을 가졌다(숙면이었다). 소소하지만 좋아하는 잠옷을 24시간 동안 입을 수 있다는 점도 좋았다. 언제든지 침대에 날아가 누울 수 있었다. 격리 마지막 날에는 창가로 들어오는 따뜻한 햇볕을 맞으며 시원한 맥주와 함께 잭슨 피자를 먹었다. 일주일 만에 마시는 맥주라 어찌나 달고 시원한지.

　　격리 중, 가장 달았던 일탈은 모닝커피를 마신 일이었다. 낮맥을 두고 모닝커피가 최고의 행복이었다니 이게 무슨 소리인가 싶겠지만, 나는 평소 주말을 제외하고 점심과 저녁 사이, 하루 한 잔으로 커피를 제한하고 있다. 예전에는 이가 시릴 만큼 차가운 아이스 아메리카노로 매일 아침을 시작했다. 그렇게 4~5년을 지속한 결과, 나는 카페인의 도움 없이 하루를 시작하기 어려운 사람이 되었고 커피를 마셔도 피곤한 일상이 이어졌다.

　　실제로 아침에 일어나면 우리 몸에는 잠을 깨우고 활기를 주는 천연각성제, '코르티솔'이라는 호르몬이 나온다. 기상 직후 1~2시간 동안은 코르티솔 호르몬 분비가 가장 많은 시간인데 이 시간에 지속적으로 카페인을 섭취하면 코르티솔의 분비량이 줄어들어 카페인에 의존하게 되고 쉽게 피로함을 느낀다고 한다. 하여 나는 작년부터 점차 커피 마시는 시간을 늦췄고 올해는 점심 이후에 한 잔 마시는 것으로 시간과 양을 제한하고 있다. 그렇게 커피를 제한하고 나서는 오후 식곤증이 없어졌다.

　　이런 나에게 유일하게 모닝커피가 허용되는 날은, 하고

싶은 일을 마음대로 하는 주말이다. 평일에 마시는 커피가 카페인의 각성 효과를 노린 생존이라면, 주말에 마시는 커피는 따뜻한 하루를 더 길게 보내고 싶은 희망과 여유이다. 인스타피드에 종종 주말에 마신 커피 사진을 올려놓는데, 회사 일로 어지러운 수요일쯤 주말에 마셨던 커피 혹은 브런치 사진을 찾아보고 돈을 벌어야 하는 이유를 되새긴다.

이렇다 보니, 재택근무 날처럼 집에서 하루를 보내는 날은 자연스럽게 모닝커피로 하루를 시작한다. 평소 단 음료를 좋아하지 않는데, 빈속에 먹는 커피라 단맛이 살짝 있는 고소한 라떼나 핫초코, 밀크티 등을 즐겨 찾는다.

한동안은 흑임자라떼에 빠져 있었다. 어디선가 맛있게 먹은 건 집에서 꼭 만들어 보는 편이라 호기롭게 비싼 흑임자를 구입했다. 좋은 흑임자를 약불에서 오랜 시간 정성스럽게 볶은 다음 곱게 갈아 아인슈페너를 만들었고 보기 좋게 실패했다. 집에서 만든 흑임자라떼는 순댓국에 거친 들깻가루를 팍팍 넣은 것처럼 텁텁했다. 먹고 나면 이빨에 들깻가루가 잔뜩 껴 있을 거 같은 맛이랄까?

유튜브에 검색해 보니 카페에서 사용하는 흑임자는 서리태같이 달고 고소한 재료를 섞어 곱게 가공한 파우더나 페이스트를 사용한 것이었다. 고소한 향미의 비결이 서리태라니…. 배신을 당한 것 같기도 했지만, 어째 납득이 되는 맛이었다.

지금은 흑임자 대신, 무가당 흑임자(와 서리태) 파우더를 구매해 놓고 재택근무를 할 때 또는 주말에 책을 보거나 영화를 볼 때 한 잔씩 곁들인다. 생크림이 있는 날은 아이슈페너로, 없는 날은 라떼로, 때로는 우유만 넣어 미숫가루로!

약 3년 전, 커피에 오렌지 청을 넣는 곳이 있었다. 이 커피는 '오렌지비앙코'라는 이름으로 지금은 꽤 흔한 메뉴가 되었지만, 당시에는 오렌지와 쌉싸름한 커피의 페어링이 충격적이었다. 얼마 전, 산미가 은은한 일리 브라질 에스프레소를 마시고 3년 전에 마셨던 오렌지 에스프레소 맛이 떠올랐다. 오렌지 청 대신 빵에 발라 먹는 오렌지 마멀레이드를 우유와 섞고 브라질 1샷을 내렸다. 부드럽고 묵직하면서도 오렌지의 달콤 상큼한 맛이 오묘했다. 이 향긋한 맛이 나의 재택근무를 더욱 달콤하게 만드는 듯했다. 이대로 월요일이 오지 않았으면… 재택근무 포레버.

Recipe

(흑임자 아인슈페너)

재료

조리법

생크림 1종이컵
흑임자 파우더
5.5숟가락
설탕 3.5숟가락

❶ **흑임자 크림 만들기** 300mL 이상의 유리병이
나 텀블러에 차가운 생크림, 흑임자 파우더,
설탕을 순서대로 넣고 뚜껑을 잘 닫아 흔든다.
약간 흐름성이 있는 정도까지 흔들어 크림의
단단한 정도를 조절한다.

에스프레소 2샷
(또는 미니 카누 3봉지)
끓는 물 6숟가락

❷ **에스프레소 만들기** 에스프레소 머신이 있는 경
우 2샷을 준비하고, 없는 경우 카누에 끓는 물
을 섞어 준비한다.

얼음 10개
우유 ⅔종이컵
흑임자 크림 ¼분량

❸ **잔에 담기** 잔에 얼음을 담고 우유를 따른다.
그 위에 흑임자 크림과 에스프레소를 순서대
로 따른다.

자취 요리 TIP

- 흑임자 음료를 위한 제품으로는 설탕이 들어간 흑임자라떼 파우더, 액상 형태의 흑임자 페이스트 등 다양하다. 한 봉을 구입하면 꽤 많은 양이 오기 때문에 냉동 보관해 놓고 다양한 음료와 요리로 활용할 수 있는, 설탕이 들어가지 않은 파우더 제품이 좋다. '레시피팩토리의 흑임자 파우더'를 추천한다.
- 생크림이 없으면 흑임자 크림 대신, 흑임자 파우더 5숟가락, 설탕 2숟가락을 우유에 섞고 에스프레소를 부어 가벼운 라떼 형태로 만든다.

평일에 마시는 커피가 카페인의 각성 효과를 노린
생존이라면, 주말에 마시는 커피는 따뜻한 하루를
더 길게 보내고 싶은 희망과 여유이다.

(오렌지비앙코)

재료

오렌지 마멀레이드
3숟가락
얼음 6개
우유 ⅔종이컵
에스프레소 1샷

조리법

❶ 잔에 오렌지 청을 담고 얼음과 우유를 따른다. 그 위에 추출한 에스프레소를 첨가한다. 일리 캡슐을 사용한다면, 브라질을 추천한다.

이 향긋한 맛이 나의 재택근무를 더욱 달콤하게
만드는 듯했다. 이대로 월요일이 오지 않았으면…
재택근무 포레버.

자취 요리 TIP

- 카페에서 먹는 오렌지비앙코는 오렌지 청을 사용하는데, 오렌지 청은
  오프라인 마트에서 구하기 쉽지 않고 온라인에는 업소용, 대용량 제품
  만 취급한다. 가격도 저렴하고 어디에서나 구하기 쉬운 오렌지 마멀레
  이드를 구입하면 빵에도 발라먹고 음료로도 만들어 먹을 수 있다. 건더
  기가 많지 않고 얇은 '본마망 오렌지 마멀레이드'를 추천한다.

휴직사유서

(오징어레몬구이)

(오꼬노미야끼)

휴직 생활에 대한 나의 망상은 자칭 〈걸어서 세계속으로〉의 작가 수준이다. 발리 한 달살이, 제주 일 년살이를 생각하며 머물 집을 알아보고 아이슬란드의 큰 빙산과 오로라를 생각하며 지구온난화를 걱정한다. 한국으로 돌아오는 길에 방문할 스위스의 물가와 조지아의 물가를 비교하며 실현 가능한 여행 루트를 상상한다. 그중에서도 나는 뉴질랜드로 떠나 캠핑카 투어를 하며 대자연을 맛보거나 캐나다에 있는 친구네 집에 놀러 가 가을 낙엽 위에서 도깨비의 한 장면을 따라 해보는 일상을 꿈꿨다. 친구가 일하러 간 사이를 틈타 친구네 고양이 마고와 친해질 기회를 얻겠다는 아주 상세한 계획까지 세워 두었다.

하지만 실제 나의 휴직 생활은 그런 아름다운 풍경과 거리가 멀었다. 극심한 번아웃으로 이상 속의 휴직 계획을 실행하기에는 마음의 여유가 없었다. 직장 생활을 시작하고, 몇 년간은 정말 즐겁게 일을 했다. 일과 사람에 치이기도 했지만, 프로젝트가 잘 마무리되고 나면 적당한 인정과 보상이 있었다. 그렇게 5년 동안 회사 일에 초점을 맞춰 살았고 업무에 몰입하느라 스트레스가 얼마나 쌓였는지 알지 못했다. 실제, 그 시기에는 원인을 알 수 없는 위경련, 편도염, 자궁 질병을 앓았다.

　이전에는 즐겁던 일들에 점차 무미건조해졌다. 아침에 일어나 출근할 생각만 하면 피곤이 쏟아졌고 업무와 일상에 성취감은 커녕 권태로움만 가득했다. 전에는 그냥 넘길 수 있던 일에도 부쩍 짜증이 늘었다. 이런 생활을 더 이상 지속할 수 없다는 생각이 강하게 몰려왔을 때, 그때가 나의 휴직 결정 시점이었다. 회사원에게 휴직이란, 수틀리면 퇴사해야 하는 위험한 결정이지만, 한 회사에서 열정적인 20대를 보냈고 어느덧 30대가 된 지금, 스스로 진정 원하는 삶이 무엇인지 생각해 볼 시간이 필요했다.

　나의 일상을 바라보기만 해도 행복한 것들로 채웠다. 시간에 연연하지 않고 기분 좋게 일어나 스트레칭을 하거나 아침 산책으로 하루를 시작했다. 맥주 하나를 들고 세탁방에 가서 여유롭게 낮맥을 하고 뽀송하게 세탁된 이불 위에 누워서 보고 싶었던 드라마도 정주행했다. 일 때문이 아니라, 식재료 보기를 순수하게 좋아했던 옛날처럼, 집 근처 시장이나 마트에 가서 몇 시간을 때우고 돌아오기도 했다. 자취 집에서 절대 해 먹지 않을 법한 해산물 요리를 척척 만들어 내는 나의 모습에 감동받으며 스스로를 격려했다. 가능한 한 나의 모든 하루를 기록했다. 무엇을 했고 어떤 감정들을 느꼈는지.

휴직 중 정주행했던 드라마 〈검색어를 입력하세요 WWW〉에는 30대 후반에 국내 1위 IT 기업의 상무로 근무하고 있는 배타미(임수정)가 등장한다. 무엇이든 정답을 알 것 같은 유능한 그녀가 이런 대화를 나눈다.

"노력한 시간은 긴데, 성취는 너무 잠깐이야. 이런 순간들은 너무 잠깐이야."

"그치, 아마 성취를 위해 사는 건 아닌가 봐."

"그럼 뭘 위해 사는 거지?"

휴직 기간이 끝나고 복직했지만, 여전히 배타미의 질문에 대한 답변은 모르겠다. 30대를 맞이한 내가 진정 원하는 삶, 무엇을 위해 살고 있는가에 대한 질문은 앞으로도 이어질 것 같다. 그렇지만 회사 생활 중, 어떤 어려움과 스트레스를 만나도 일상을 통해 회복하는 방법을 찾았고 힘을 얻었다. '나 정말 열심히 했다! 고생했어.'라고 스스로 격려할 수 있는 힘.

(오징어레몬구이)

재료	조리법

오징어 1마리

❶ 오징어 손질하기

· 오징어 몸통과 내장을 분리한다. 오징어 앞면의 몸통과 내장 사이에 숨어있는 오징어 뼈를 먼저 제거하고 다리를 잡아당기면 내장을 쉽게 분리할 수 있다. 몸통 속에 남아있는 내장은 검지와 중지 손가락을 넣어 깔끔하게 정리한다.

· 가위로 몸통 양옆에 2cm 간격으로 칼집을 넣는다.

· 오징어 다리에 붙어 있는 눈 사이(미간)를 가위로 잘라 펼친 후 눈과 내장이 붙어 있는 위쪽을 잘라 제거한다. 오징어 다리를 하나씩 엄지와 검지로 쓸어내려 빨판을 제거한다.

자취 요리 TIP

· 오징어구이는 촉촉하고 부드러운 몸통으로 만들고 오징어 다리는 3cm 길이로 썰어 냉동해 두었다가 볶음밥이나 오꼬노미야끼, 부침개에 활용한다.

재료

조리법

올리브오일 1숟가락
레몬 ¹/₂개
버터 1숟가락
핑크 페퍼콘 0.5숟가락
바질 잎 3장

❷ **굽기**　팬에서 연기가 살짝 날 정도로 강하게 예열한다. 올리브오일을 두르고 중약불로 낮춘 뒤 오징어를 굽는다. 15초 후, 오징어의 한 면이 익었을 때 뒤집는다. 레몬을 오징어 전체에 짜내고 레몬 단면이 팬에 닿도록 굽는다. 오징어의 겉면이 다 익었을 무렵, 버터와 손으로 으깬 핑크 페퍼콘, 가위로 송송 썬 바질 잎을 넣는다. 해산물은 조금만 오버쿡 하여도 쉽게 질겨진다. 오징어는 약 2분 30초 정도면 완전히 익는다.

❸ **그릇에 담기**　그릇에 익은 오징어를 담고 팬에 남은 레몬 버터 소스를 끼얹는다.

스스로 진정 원하는 삶이 무엇인지

생각해 볼 시간이 필요했다.

(오꼬노미야끼)

재료	조리법

양배추 ⅛통
오징어 다리 1마리 분량
베이컨 1줄*

❶ **재료 손질하기** 양배추는 최대한 얇게 채 썬 뒤, 찬물에 헹군다. 양배추 단면을 감자 필러로 밀어 채 썰어도 좋다. 오징어 다리는 3cm 길이로 썰고 베이컨은 0.5cm 두께로 채 썬다.

밀가루 3숟가락
맛소금 2꼬집
후춧가루 약간
물 3숟가락

❷ **반죽 만들기** 볼에 양배추, 오징어 다리, 베이컨과 밀가루, 맛소금, 후춧가루를 넣어 젓가락으로 버무린다. 재료 겉에 밀가루가 다 묻으면 반죽의 농도를 봐가며 물을 조금씩 섞는다.

식용유
계란 1개*

❸ **계란 프라이 만들기** 팬에 식용유를 두르고 계란 프라이를 만든다. 접시에 덜어 내고 팬에 부족한 식용유를 보충하여 예열한다.

자취 요리 TIP

- 오꼬노미야끼 소스가 있으면 좋겠지만, 유통기한 내에 다 사용하지 못할 가능성이 크다. 돈가스 소스, 데리야끼 소스 또는 간장과 단맛이 기본을 이루는 한식 양념(새미네부엌 멸치볶음 소스)을 사용해도 충분히 맛있다.

재료

조리법

❹ **오꼬노미야끼 부치기** 예열된 팬에 반죽을 두툼하게 올리고 팬을 흔들어, 팬에 반죽이 붙지 않고 기름이 고르게 퍼지도록 한다. 중불에서 노릇하게 지진다. 부침개 끝부분을 살짝들어 구워진 정도를 확인하고 반대쪽도 노릇하게 지진다.

돈가스 소스 3순가락
마요네즈
가쓰오부시

❺ **그릇에 담기** 구워진 오꼬노미야끼 위에 돈가스 소스를 바르고 계란 프라이를 올린다. 오꼬노미야끼를 계란 프라이를 옮겨 두었던 접시에 담는다. 마요네즈에 위생 팩을 씌우고 젓가락으로 구멍을 1개만 낸다. 오꼬노미야끼 위에 마요네즈를 뿌리고 가쓰오부시를 올린다.

"노력한 시간은 긴데, 성취는 너무 잠깐이야.
이런 순간들은 너무 잠깐이야."

"그치, 아마 성취를 위해 사는 건 아닌가 봐."

3장

구태여

시간을 더하는 일

구태여 시간을 더하는 일

(바질 키우기)

(바질페스토와 파스타)

나의 첫 번째 회사는 집에서 세 정거장 거리에 위치해 있었다. 지하철로 편도 20분, 청계천을 따라 45분 만 걸으면 도착하는 회사에 다니다 보니, 자연스럽게 걷기를 좋아하게 됐다. 출퇴근하는 사람으로 북적이는 지하철, 자동차 소리로 시끄러운 도로 위와 다르게, 하천 길은 여유와 자연이 가득했다. 일찍 퇴근하는 날에는 천천히 청계천을 따라 걸었고 유난히 바빴던 날에는 저녁 식사 후, 시원한 공기를 마시며 집 근처를 산책했다. 좋아하는 음악을 들으며 산책하는 시간은 정성스러운 저녁 식사만큼이나 힐링되는 시간이었다. 왠지 모르게 발이 가볍고 기분이 좋은 날은 조금씩 뛰기도 했다.

여유롭던 산책 시간이 러닝 시간으로 바뀌게 된 시기가 정확히 언제부터였는지 모르겠지만, 효율성을 강조하는 직장에서의 삶이 나의 삶 속으로 녹아든 때부터였다. '요 앞, 느티나무가 흐드러져서 예쁜 다리부터 오글거리는 하트 전광판이 나오는 다리까지'로 기억하던 그 길이 4km였다는 사실을 알게 된 것도 그때였다. 4km 산책을 위해서는 60분이 필요했지만 뛰면 35분으로도 충분했다. 35분의 시간으로 60분보다 더 많은 칼로리를 소모할 수 있으니, 이 얼마나 효율적이란 말인가!

회의에서 "굳이?"라는 말이 많을 때가 있었다. 그 말은 '그거 하는데 구태여 그 시간을 써야 하느냐?'를 뜻했다. 그럴 때면 아이디어를 제안한 직원에게 이유를 주절주절 설명할 필요 없이, 모두가 동의한 것으로 간주하여, 물 흐르듯 다음 안건으로 넘어갔다. 이유를 막론하고 효율성은 직장에서 가장 중요한 요소이다. '잘해도 매출이 적게 발생할 일에 이만큼의 비용을 투입하는 것이 맞다고 생각하시나요? 다른 아이템을 찾아봅시다.' 인사 평가를 포함하여 대부분의 의사결정은 인풋 대비 아웃풋이 어땠는지, 효율성을 중심으로 사고한다.

회사에서 새로운 업무를 받았을 때 효율적인 프로세스를 고민하는 것처럼, 개인 시간도 더 알차게 보내기 위해 고민하고 실천했다. 그러자 점차 나의 일상이 불행하게 느껴졌다. 불행한 일상이 반복되던 어느 날, 시원한 저녁 공기를 맞으며 밤 산책을 즐겼던 시간이 떠올랐다. 나는 구태여 하지 않아도 될 일을 하기로 했다.

바질페스토 파스타를 만들기 위해 화분과 흙, 바질 씨앗을 구입했다. 마트에서 구입한 바질로 페스토를 만들 수도 있고, 애초에 시판되는 바질페스토를 구입할 수도 있지만, 몇 달을 정성스럽게 키운 바질로 페스토를 만들었다. 한 시간이 채 걸리지 않을 수도 있지만 구태여 몇 달의 수고로움을 더하는 일을 통해 여유로운 주말을 더 천천히 음미했다.

무엇이든 단순화하는 작업에는 오리지널을 제대로 이해하는 작업이 필요하다. 더 쉽고 간편한 레시피 개발을 위해 복잡한 오리지널 레시피를 분해한다. 각 과정에 따라 어떤 효과가 발생하는지 제대로 파악해야 중복되는 작업을 단순화하고 같은 맛을 내면서도 쉬운 방법으로 과정을 재구성할 수 있다. 그런데 나는 이런 복작복작한 레시피에 더 큰 매력을 느낀다. 과정마다 존재 이유가 충분하다. 효율성을 추구해야 하는 평일에는 단순한 요리를, 여유로운 주말에는 시간이 만들어 주는 느릿한 요리를 하며 나름의 힐링 시간을 갖는다. 저녁 공기와 함께하는 산책처럼, 생각만 해도 행복하다.

(바질 키우기)

구입 방법

화분, 바질 씨, 흙을 한 묶음으로
판매하는 '바질 키우기 키트'를 구
입하거나 바질 씨와 화분, 잎채소
용 흙을 따로 구입한다.

심는 방법

화분에 흙을 채우고 물을 듬뿍 준
다. 나무젓가락을 사용하여 일정
한 간격으로 1cm 깊이의 구멍을
낸다. 구멍에 씨앗을 1개씩 넣은
뒤 흙을 살짝 덮는다. 새싹이 나
올 때까지 겉흙이 마르지 않도록
손끝에 물을 적셔서 뿌린다.

키우는 방법

- 햇빛이 잘 드는 곳에 놓는다.
  물은 일주일에 두세 번 정도 겉
  흙이 말랐을 때 준다. 종종 쌀
  뜨물을 거름으로 주면 좋다.

- 한 화분에 여러 줄기의 바질을
  키우면 늦게 자란 식물이 먼저
  자란 식물의 그늘에 묻혀 잘 자
  라지 못한다. 그 때문에 분갈
  이를 해주는 것이 좋다. 분갈
  이는 새로운 화분에 흙을 담고
  바질을 한 줄기씩 심은 뒤 물을
  흠뻑 준다.

- 분갈이가 귀찮다면 애초에 화
  분 2~3개를 준비하여 바질 씨
  앗을 나눠 심는 방법도 있다.

수확 시기

- 햇빛이 충분한 야외에서 키운 바질은 한 달이면 먹을 만한 잎을 수확할 수 있지만, 집안에서 키운 바질은 수확까지 시간이 더 필요하다.

- 경험상 두 달이면 먹을 만한 잎을 수확할 수 있다. 처음에 잎을 수확할 때는 흙에서 가까운 잎을 먼저 정리한다. 통기성이 좋아져 바질이 더 잘 자란다.

- 줄기가 어느 정도 굵게 자라면 가지의 끝부분이 Y 모양이 되도록 바질 잎을 수확한다.

(바질페스토와 파스타)

재료

바질 잎 30장
캐슈넛 6알
소금 5꼬집
마늘 1톨
파마산치즈 4숟가락
올리브오일 4숟가락
올리브오일(오일 막용)

물 4.5종이컵
소금 1숟가락
스파게티 1인분
바질페스토 4숟가락
크림치즈 1숟가락

조리법

❶ **바질페스토 만들기** 수확한 바질 잎을 깨끗이
씻는다. 핸드믹서 비커에 모든 재료를 넣고 간
다. 소독한 유리병에 바질페스토를 담고 신선
한 향이 오래 유지되도록 윗면에 올리브오일
을 뿌려 오일 막을 만든다. 냉장 보관한다. 한
번에 많은 양을 만들었을 때는 실리콘 얼음 용
기에 바질페스토를 소분하여 냉동 보관한다.

❷ **파스타 만들기** 냄비에 물과 소금을 넣어 끓
인다. 끓는 물에 스파게티를 9분 삶는다. 추
가 조리를 하지 않기 때문에 원하는 식감으로
삶는다. 스파게티가 익는 동안, 파스타 접시
에 바질페스토와 크림치즈를 넣고 포크로 으
깨 가며 섞는다. 여기에 삶은 파스타를 넣고
골고루 비벼 완성한다.

자취 요리 TIP

- 레시피에 표기된 바질페스토의 양은 핸드믹서로 갈리는 최소량이기 때문에 이보다 소량으로 만들고 싶을 때는 절구를 사용한다.
- 잣을 사용하면 고소한 맛이 더욱 좋아지지만, 가격과 활용도를 고려했을 때 캐슈넛을 사용하는 것도 좋다. 매운맛을 좋아한다면 바질과 함께 청양고추 1개를 갈아 준다. 향긋한 바질 향과 알싸한 매운 향이 정말 잘 어울린다.
- 바질 대신, 깻잎이나 냉이, 고수로 페스토를 만들어도 좋다. 취향에 따라 유부초밥, 육개장 컵라면, 불고기 샌드위치 등에 사용한다.

한 시간이 채 걸리지 않을 수도 있지만

구태여 몇 달의 수고로움을 더하는 일을 통해

여유로운 주말을 더 천천히 음미했다.

외국인 노동자의 소울푸드

(시리얼새우튀김)

(비스큐리소또)

나의 첫 직장지는 미국이다. 하고 싶은 것이 많고 열정적이었던 20대에는 실행력이 빨랐다. 해외로 워킹 홀리데이를 다녀오는 선배들이 이유 없이 멋있어 보였을 무렵, 나는 휴학을 했다. 아르바이트하며 면접을 보는 생활을 한 지 6개월이 지났을 때 미국 휴스턴으로 인턴쉽을 떠나게 되었다. 기대와 설렘으로 시작했던 미국 생활은 풍족했지만 동시에 외로웠다.

직장 내 아시아 직원은 내가 최초이자 유일했다. 20대 초반에 문화가 다른 다양한 인종의 친구들을 만난 것은 나에게 큰 행운이었다. 멕시코 친구들 덕분에 맛있는 살사의 기본을 배웠고 텍사스의 바비큐 문화와 멕시코의 식문화가 섞인 Tex-Mex를 이해하게 되었다. 나처럼 인턴쉽으로 남아공에서 온 친구, Sante도 만났다. 우리는 뜨거운 여름날 같이 수영을 즐겼고 퇴근 후 함께 맥주를 기울였다. 유쾌한 성격의 그녀를 만난 덕분에 미국에서의 힘든 시간을 그나마 잘 버틸 수 있었다.

다양한 인종과 문화가 섞인 미국의 다문화 특성 덕분에 한 곳에서 여러 나라의 요리를 경험할 수 있었다. 오리지널에 가까운 베트남의 쌀국수와 분짜, 태국의 나시고랭과 팟타이,

인도의 브리아닌(Biryani) 요리를 맛본 곳도 미국이었다. 대부분 현지인이 이민자들을 위해 만든 식당이기 때문에 본고장의 맛을 갖고 있었다. 한국에서는 먹지 않았던 타이 바질과 고수의 맛에 눈을 뜬 것도 그런 이민자들 덕분이었다. 여름휴가로 떠났던 뉴욕 여행에서는 식비로만 300만 원 이상을 지출했다. 맨해튼 거리의 푸드 트럭부터 어퍼 이스트 사이드(뉴욕시에서 가장 부유한 지역)의 다이닝까지 풍족한 경험을 할 수 있었다.

　　반대로, 미국에서 가장 힘들었던 한 가지를 꼽자면 낮에는 예쁘고 밤에는 무서웠던 나의 첫 자취 집이다. 집을 구하는 것 자체가 처음이었던 나에게 미국에서의 집 계약은 비교적 간편했다. 한국처럼 전세 개념이 없었기 때문에 계약하고 싶은 아파트 관리소에서 집을 보고 간편하게 계약이 가능했다. 다만, 미국의 치안을 고려하지 못한 나의 실수로 인해 나는 사나운 1년을 보내야 했다. 미국의 밤은 정말 어두웠다. 늦은 퇴근길과 주말 아침 출근길에는 밤새 유흥을 즐기다 집으로 들어가는, 약에 취한 사람들을 만나기 십상이었고 생명의 위협을 느꼈던 위험한 상황도 있었다. 퇴근 후 집으로 돌아오는, 어두운

길 위에서 나는 몇 번이고 되뇌었다. 무슨 부귀영화를 얻으려 여기까지 흘러왔나.

캄캄한 시간, 미국에서는 집을 벗어나 할 수 있는 것이 많지 않았다. 집에서 마음 편히 맥주 한 잔 할 수 있는 것이 유일한 힐링이었다. 퇴근이 늦었던 날은 견과류 한 줌을 안주 삼아, 조금이나마 여유가 있는 날은 새우튀김을 안주 삼아.

미국은 다양했던 식문화만큼이나 식재료가 다양했고 가격도 저렴했다. 나는 널찍한 자취 집 주방에서 뼈해장국 같은 그리운 한국 음식을 만들기도 했고, 한국에서는 값비싸 구하기 어려운 재료들로 요리를 하며 시간을 보냈다. 양갈비, 칠면조 브라인, 비프 부기뇽 등. 가장 자주 만들었던 음식은 새우튀김이다.

신선한 새우를 구입해서 머리와 껍질로는 비스큐(Bisque) 소스를 만들었다. 비스큐는 새우, 랍스터 등 갑각류의 머리와 껍질로 만든 프랑스 크림수프인데, 크림과 버터를 넣기 직전까지 만들어 냉장·냉동 보관해 놓으면 언제든지 비스큐리소또를 쉽게 만들어 먹을 수 있었다. 그리고 남은 새우살은 달콤한 시리얼을 묻혀 바삭한 새우튀김을 만들었다. 여기에 버드와이저 한잔을 곁들이며 오늘 하루의 긴장을 해소하고 내일 하루를 버 텨낼 수 있는 에너지를 충전했다.

(시리얼새우튀김)

●●●

재료	조리법

중하새우 5마리

❶ **새우 손질하기** 새우는 가위로 수염과 머리 그리고 꼬리를 살포시 덮고 있는 뾰족한 물총을 잘라 낸다. 새우 머리는 비스큐용으로 따로 모아 놓는다. 새우 몸통은 꼬리를 제외하고 나머지 껍질을 모두 제거한 뒤, 몸통 두 번째 마디에 이쑤시개를 넣어 내장을 제거한다. 구부러진 새우의 배 쪽에 칼집을 넣어 몸통을 1자로 만든다.

밀가루 3숟가락
찬물 5숟가락
맛소금 2꼬집
시리얼 1종이컵

❷ **튀김옷 만들기** 밀가루와 찬물, 맛소금을 섞어 튀김 반죽을 만들고 시리얼은 위생 봉지에 넣어 잘게 부순다.

튀김유
밀가루 1숟가락

❸ **새우 튀기기** 작은 냄비에 새우가 반 이상 잠길 정도로 튀김유를 채우고 예열한다. 새우 꼬리를 잡고 새우살에 밀가루 ▶ 반죽 ▶ 시리얼 순으로 옷을 입힌다. 나무젓가락을 기름에 넣었을 때 젓가락에서 기포가 뽀글뽀글 올라오면, 새우를 넣어 앞뒤로 뒤집어 가며 골고루 튀긴다.

249

자취 요리 TIP

- 냉동 손질 새우를 구입했다면 전날 냉장고로 옮겨, 해동한 뒤 사용한다. 생새우를 구입하면 다양한 방법으로 새우를 즐길 수 있다. 새우 머리로 비스큐리소또와 파스타를 만들 수 있다. 몸통은 먹기 좋게 손질하여 냉동해 놓고 감바스, 알리올리오, 볶음밥 등에 활용한다.
- 새우 껍질을 손질할 때, 새우가 익은 후에도 곧은 모양새를 유지하도록 꼬리 앞에 붙어 있는 마지막 한 마디의 껍질을 제거하지 않는 것이 정석이다. 하지만 개인적으로 바삭한 튀김 속에 딱딱한 새우 껍질이 이에 걸리는 것이 싫어 꼬리만 제외하고 모든 껍질을 제거한다.
- 시리얼의 달콤한 맛으로 소스를 곁들이지 않아도 충분히 맛있지만, 와사비나 연겨자, 유즈코쇼처럼 향긋한 매운맛의 소스와 마요네즈를 함께 곁들여 먹으면 더욱 좋다.

집에서 마음 편히 맥주 한 잔 할 수 있는 것이
유일한 힐링이었다.

(비스큐리소또)

재료	조리법

❶ 비스큐 만들기

(2인분)

양파 ¼개
토마토 ½개
샐러리 ⅓줄기
당근 4cm
올리브오일 3숟가락
새우 머리 25개
토마토 페이스트 3숟가락
화이트와인 1종이컵
물 3종이컵

[재료 손질하기]

・ 양파와 토마토는 1cm 크기로 깍둑 썰고 샐러리는 길게 반으로 가른 뒤, 1cm 길이로 썬다. 당근은 1×1cm 스틱 모양으로 썬 뒤, 0.5cm 두께로 나박 썬다.

[비스큐 끓이기]

・ 냄비에 올리브오일을 두르고 강한 불에서 새우 머리가 빨갛게 되도록 볶는다. 새우가 익으면 양파, 당근, 샐러리를 넣어 볶는다. 양파가 브라운 색을 띠면 토마토와 토마토 페이스트를 넣고 5분 더 볶는다.

・ 화이트와인과 물 2종이컵을 넣고 한소끔 끓인 뒤, 약불로 불을 낮춘다. 뚜껑을 비스듬히 덮어 1시간 끓인다. 다시 물 1종이컵을 넣고 새우 머리 껍질이 부드러워질 때까지 1시간 더 가열한다. 재료가 냄비 바닥에 눌어붙지 않도록 중간중간 젓는다.

재료

조리법

· 체에 건더기를 거른다. 국자로 건더기를 꾹꾹
눌러 속에 남겨진 진액을 짜낸다. 걸러진 비
스큐 베이스를 소독한 유리병에 담아 냉장 보
관한다.

재료	조리법

❷ 비스큐리소또 만들기

양파 ¼개
표고버섯 2개
버터 2숟가락
비스큐 베이스 ½분량
밥 1인분
우유 ⅓종이컵
파마산 치즈가루 1숟가락
꽃소금 2꼬집
후춧가루 약간

[재료 손질하기]

· 양파는 곱게 다지고 표고버섯은 얇게 썬다.

[리소또 끓이기]

· 넓적한 냄비에 버터 1숟가락을 녹이고 다진 양파와 표고버섯을 볶는다. 양파가 투명하게 익으면 비스큐 베이스와 밥을 넣고 끓인다. 밥 전분으로 소스가 걸쭉해지면 우유를 넣어 부드럽게 만든다.

· 마지막에 버터 1숟가락과 파마산 치즈가루를 넣어 풍미를 더한다. 비스큐 베이스의 조려진 정도와 파마산 치즈가루의 짠맛에 따라 간이 달라지므로, 맛을 보고 부족한 간을 꽃소금과 후춧가루로 맞춘다.

[그릇에 담기]

· 완성된 리소또를 접시에 담은 후 파마산 치즈가루를 뿌린다.

자취 요리 TIP

- 오랫동안 뭉근하게 끓이는 요리를 할 때는 냄비의 재질, 모양새 및 불의 세기에 따라 증발되는 물의 양이 다르다. 예를 들어, 좁은 냄비는 공기 중에 노출되는 표면적이 적어 수분 증발량이 적고 반대로 넓은 냄비는 증발량이 많다. 따라서 사용하는 냄비에 따라 물의 양을 가감한다.
- 자취 요리를 하면서 토마토 페이스트 1캔을 모두 쓰기란 쉽지 않다. 남은 페이스트를 냉장 보관하면 금방 곰팡이가 생기는데, 냉동 보관해 놓고 필요할 때마다 꺼내 쓰면 버리는 것 없이 사용할 수 있다. 통조림 캔은 오픈 즉시 산화가 시작되므로 오픈한 즉시 토마토 페이스트를 반찬 용기에 덜어 내고 라벨링 하여 냉동 보관한다.

오늘 하루의 긴장을 해소하고

내일 하루를 버텨낼 수 있는 에너지를 충전한다.

직장인과 알코올

(석탄주)

(사과시럽과 칵테일)

에수님 짱 펜이던 시절, 나는 21살까지 술을 입에 대지 않았다. 직장 생활을 하며 나를 만난 사람들은 이 사실을 믿지 않는다. 언제나 믿을 수 없다는 눈빛으로 고개를 절레절레 젓는다. 하지만 나를 대학 시절에 만난 친구들은 현재 나의 음주 생활을 보며 '늦게 시작한 간이라 잘 마신다.'라며 찬사를 보낸다. 혹은 '회사가 너를 너무 힘들게 하는 것은 아니니?'라며 걱정하기도 한다.

21살까지 술을 입에도 대지 않던, 내가 술을 마시게 된 것은 대학 시절 와인 공부 때문이었다. 인생 첫술이 종류와 맛이 다양한 와인이었기 때문일까? 나는 자연스럽게 술 자체의 향과 맛을 좋아하게 되었다. 이후 직장에서 술 관련 프로젝트를 진행하면서 내추럴 와인, 사케, 백주, 전통주까지 다양한 종류의 술과 돈독한 관계를 형성할 수 있었다.

다양한 주류 중에서도 청주와 막걸리는 집에서 만들어 먹는 것을 좋아한다. 무더운 여름과 한겨울만 피하면 대개 집 내부 온도는 21~25℃이기 때문에 어렵지 않게 담글 수 있다. 석탄주는 '아낄 석(惜), 삼킬 탄(呑), 술 주(酒)'라는 뜻으로, 입에 한입 머금으면 향기롭고 단맛이 가득하여 삼키기 아깝다는 뜻이다. 이름의 뜻처럼 누구나 좋아할 만한 맛이라 실패 확률이 낮다. 청주를 담그면 윗면에 뜬 맑은 술(청주)을 조심히 따라 마시고, 밑에 가라앉은 탁한 술에 물을 섞어 막걸리로 한 번 더 마신다. 하나의 술로 두 가지의 맛을 즐길 수 있다.

단맛이 진한 청주는 얼음 위에 따라 마신다. 얼음이 청주의 강한 단맛을 중화시켜 주고 은은한 산미를 청량하게 살려준다. 단시간에 막힌 속을 뻥 뚫어주는 캔 맥주와 달리, 오랜 시간 정성 들여 만든 청주는 빠르게 흘러간 하루를 천천히 돌아보게 만든다. 좋지 않은 일이 있었던 하루를 어루만져 주고 좋은 일이 있었던 하루를 더 길게 기억하게 한다.

병맥주와 캔 맥주, 생맥주의 내용물은 사실 큰 차이가 없다. 효모가 살아 있는 맥주는 유통 중 맛과 향이 변할 수 있기 때문에 병이나 캔에 담아 열처리(살균)하여 효모를 죽이고 유통한다. 그렇다면 생맥주는 효모가 생생하게 살아 있는 맥주일까? 과거에는 통에 담긴 맥주를 열처리하기 어려워 효모가 살아 있는 맥수를 '생맥주'라 불렀다. 하지만, 기술이 발전함에 따라 통(케그)에 든 맥주도 살균 처리가 가능해졌다. 이제는 양조장이 특별한 의도를 가지고 효모가 들어있는 맥주를 제조하지 않는 이상, 병맥주, 캔 맥주, 생맥주의 내용물은 같고 포장재만 다르다.

이 사실은 나에게 정말 충격이었다. 그렇다면 왜, 충무로의 '호프&노가리'집 생맥주는 그리도 맛있단 말인가? 차가운 잔 때문에? 노포 분위기 때문에? 혹은 회전율이 높아서 맥주가 신선하기 때문에? 모두 일리 있지만, 음식과 술은 언제, 누구와 마시느냐가 가장 중요하기 때문이라는 생각이 들었다.

나에게는 맥주와 안주를 더욱 맛있게 하는 동갑내기 회사 친구가 있다. 새로운 맛의 소스를 개발하느라 체력적, 정신적으로 힘든 날이었다. 친구가 은밀하게 나를 옥상으로 불렀다. 그는 말없이 품에 숨겨 온, 맥주 한 캔을 종이컵에 따라 주었다. 복잡했던 속이 뻥 뚫린 듯 시원했다. 선선한 바람이 불던 9월의 맑은 하늘과 시원한 맥주 한 잔은 말없이 따뜻한 위로가 되었다.

이 친구는 매년 10~11월이 되면 달콤한 말로 도시 인부들을 낚아 청송에 있는, 친척네 사과 과수원으로 떠난다. 힘들게 밭일을 하고 새참을 먹는 그 과수원에 나는 한 번도 가본 적이 없지만, 그는 매년 수확한 사과로 시럽을 만들면 술에 섞어 먹으라고 나에게도 한 병씩 선물한다. 맛있는 햇사과와 통 계피를 넣어 만든 사과시럽은 소주, 맥주, 위스키 등 어떤 술에 섞어도 잘 어울려 퇴근 후, 나의 혼술을 책임져 주고 있다. 라거에 섞어 한 잔. 위스키와 섞어 하이볼로 한 잔.

(석탄주)

준비물

소독용 에탄올
분무기
아이스팩
3L 유리 발효조
채반
찜기
찜 면포
2호 삼베주머니
에어락과 유리병 뚜껑

재료	조리법

**❶ Day 1.
밑술 담그기**

무염 습식
멥쌀가루 150g
정수 750g
누룩 75g

· 발효조는 에탄올을 분무기로 뿌려 소독한다.
타월로 닦지 않고 자연 건조한다.

· 냄비에 습식 쌀가루와 물을 넣어 멍울 없이 잘
풀어 준다. 중불에서 타지 않게 저어 가며 10분
이상 죽을 쑨다. 익지 않은 상태는 탁한 하얀색
을 띠지만 익으면서 투명한 하얀색으로 변한다.

· 큰 볼에 아이스 팩과 찬물을 넣어 냄비를 중
탕으로 올리고 죽을 25℃까지 차갑게 식힌다.
중간중간 찬물을 갈아 주고 죽을 저어서 빠르
게 식힌다. 사람의 체온은 약 36℃이므로, 손
등에 죽을 올렸을 때 차갑다고 느껴지면 알맞
게 식은 것이다.

· 죽에 누룩을 섞고 소독한 발효조에 담는다. 죽
이 발효조 벽에 묻으면 부패균이 생길 수 있어
서 주변에 묻지 않도록 깔끔하게 담는다. 입구
나 발효조 벽에 묻은 것은 키친타월에 에탄올
을 뿌려 닦는다.

재료   조리법

·   발효조 뚜껑에 면포 또는 빨아 쓰는 키친타월
    을 덮고 고무줄로 묶는다. 12시간에 1회씩 소
    독한 나무 주걱으로 저어 준다.

❷ Day 2.   [찹쌀 찌기]
   덧술 하기   ·   찹쌀을 깨끗하게 씻어 넉넉한 물에 3시간 불린
   찹쌀 750g   다. 3시간 후, 찹쌀을 깨끗한 물로 한번 씻어
                              주고 채반에 담는다. 채반을 비스듬히 놓아 1
          시간 동안 물기를 뺀다.
                          ·   찜기에 찜 면포를 깔고 찹쌀을 넣는다. 증기
                              가 골고루 퍼지도록 중간에 손가락으로 구멍
                              을 낸다.
      ·   냄비에 물이 끓으면 찹쌀 담은 찜기를 올리고
                              첫 김이 나온 후, 40분 동안 찐다. 40분 후, 찹
                              쌀 알을 엄지와 검지로 눌렀을 때 잘 으스러지
                              면 불을 끄고 20분 동안 뜸을 들인다.
      ·   익은 찹쌀을 25℃로 식힌다. 찜기 밑에 채반을
                              받쳐 공기가 통하도록 한 뒤 찹쌀을 뒤집어 가
                              며 부채질하면 골고루 식는다.

재료   조리법

[담그기]

· 삼베주머니에 밑술을 거른다. 밑술을 담았던 발
  효조는 깨끗이 씻고 에탄올로 소독한다.

· 거른 밑술에 식은 찹쌀을 손으로 섞는다. 쌀
  이 뭉치지 않도록, 쌀 한알 한알 만지는 느낌
  으로 혼합한다.

· 발효조에 덧술을 깔끔하게 담는다. 물을 넣은
  에어락과 유리 뚜껑을 닫는다. 산소는 유입되
  지 않고 안에서 생성된 이산화탄소만 밖으로
  배출된다.

· 22~25℃에서 바닥에 두꺼운 책을 깔고 3주 이
  상 발효한다. 쌀알이 처음에는 위로 뜨다가 한
  알씩 가라앉아 나중에는 위에 맑은 청주 층이
  생긴다.

재료	조리법

❸ **Day 23.**
거르기

· 삼베주머니에 술을 거른다. 술지게미에 남아 있는 술 한 방울까지 아낌없이 짜낸다. 거른 술을 술병 또는 세척한 발효조에 넣고 냉장고에서 술을 가라앉힌다.

❹ **Day 30.**
마시는 날

· 섞지 않은 막걸리처럼 위에는 맑은 청주가 아래에는 뽀얀 색의 원주가 층을 이룬다. 국자로 맑은 청주를 조심히 떠 마시고 남은 뽀얀 술에 정수를 섞어 막걸리로 즐긴다. 정수는 개인 취향에 따라 양을 조절한다.

자취 요리 TIP

· 해당 레시피에 3L 보르미올리 유리병과 3피스 에어락, 산성 누룩을 사용했다.

· 발효조는 꼭 술을 빚는 양보다 큰 것을 선택하고 초보일수록, 에어락을 꼭 사용한다(술이 발효되면서 이산화탄소가 많이 생기면, 술이 넘칠 수 있다).

· 소개한 레시피는 최대한 실패 없이 만들 수 있는 방법을 간략하게 작성하였다. 보다 다양한 주조 방법과 원리에 대한 궁금증이 생긴다면, 류인수 소장님의 『쌀된 되로 물도 돼야 한국 전통주 교과서』를 추천한다.

오랜 시간 정성 들여 만든 청주는

빠르게 흘러간 하루를 천천히 돌아보게 만든다.

(사과시럽과 칵테일)

준비물

유리병 1L

재료

사과 1.5개(500g)
백설탕 1.6종이컵(250g)
황설탕 1.6종이컵(250g)
통계피 5개

조리법

❶ **사과시럽 만들기**

· 유리병은 끓는 물에 거꾸로 세워 소독한다. 병
이 뜨거워질 때까지 병 속에 증기를 쐰 후, 자
연 건조한다.

· 사과는 껍질까지 사용하기 때문에 베이킹소다
나 식초로 깨끗하게 씻는다. 씨를 제거하고 얄
팍하게 썰어 분량의 설탕에 버무린다. 통계피
와 함께 소독한 유리병에 담아 상온 보관한다.

· 하루에 한 번씩 사과 위로 곰팡이가 생기지 않
도록 골고루 젓는다. 병 아래 가라앉는 설탕이
모두 녹을 때까지 반복한다. 설탕이 완전히 녹
으면 냉장고에 보관한다. 이때 사과가 떠 있으
면 냉장 보관해도 사과 위로 곰팡이가 생길 수
있어서 한 번씩 골고루 저어 준다.

자취 요리 TIP

· 백설탕과 황설탕을 섞어 사용하지 않고 갈색 설탕 3.3종이컵(500g)으
로 대체해도 좋다.

재료	조리법

❷ **칵테일 만들기**

· 아래의 재료를 잔에 섞는다.

· Apple cinamon Beer: 사과시럽 2숟가락, 라거 맥주 1캔(330mL)

· Apple cinamon Highball: 사과시럽 3숟가락, 위스키 3숟가락, 얼음, 스파클링워터

선선한 바람이 불던 9월의 맑은 하늘과
시원한 맥주 한 잔은 말없이 따뜻한 위로가 되었다.

사업 계획과 진로 계획

(유즈코쇼)

(어묵탕)

(보늬밤)

여름의 끝자락, 가을이 되면 금년도 프로젝트 진행 상황을 체크하고 내년도 프로젝트를 계획하기 시작한다. 진행하고 있던 프로젝트 목표를 어느 정도 달성했는지 확인하고 남은 기간을 잘 활용할 수 있도록, 연초에 세워 둔 계획을 다시 들여다본다. 내년도 계획은 PM 팀의 기획이 있어야 세울 수 있는 것과 연구팀 내부적으로 수립할 수 있는 것이 있다. 내부 연구 계획을 수립할 때는 연구 주제를 단기적인 것과 중장기적인 것으로 구분하는 것이 중요하다. 회사 내부 사정에 따라 시급한 단기적 연구 주제가 있는가 하면, 선행 연구가 필요하거나 시장의 흐름에 따라 중요도가 변할 수 있는 중장기적 연구 주제가 있다. 그럴 땐 단기적 연구를 우선으로 프로젝트를 구성하고 중장기적으로 살펴봐야 하는 내용을 프로젝트의 실행 계획에 녹여 낸다.

　　낙엽이 흐드러진 9월이 되면 팀장님은 황새처럼 보따리를 물어 나르느라 바쁘다. 보따리 속에는 시장의 흐름, 업계 상황과 더불어 회사 내부 상황에 대한 다양한 정보가 들어 있다. 팀장님은 몸이 여러 개인 걸까? 부지런한 팀장님 덕분에, 내년도 사업 계획에 대한 물음표를 갖는 것도 잠시, 11월이 되면 내년도 계획에 대한 구색이 갖춰져 있었다.

착착 꾸려지는 사업 계획처럼 내 진로 계획도 척척 그려지면 좋으련만, 사업 계획 시기가 다가올수록 괜스레 마음이 복잡하다. 내가 언제까지 회사 생활을 할 수 있을까? 당장은 이 일이 즐겁지만, 그다음에는? 이대로 괜찮을까? 하는 물음표가 스멀스멀 올라와 나를 괴롭혔다.

15살, 중학교 2학년 때 시작한 진로 고민은 20살이 되고 30살이 되어도 시도 때도 없이 나를 찾아왔다. 30살이 되던 해에 유튜브를 하는 대학 동기가 '30살이 된 나'를 주제로 인터뷰를 제안했다. 그때 받았던 질문지에는 '20살 때 생각했던 나의 30살은?', '30살이 되어서 생각한 나의 20대 모습은?', '다가오는 40대의 나에게 한마디.' 등의 질문이 있었다. 20대 때 생각하던 30살 나의 모습이라…. 나는 그런 게 없었다. 남들이 흔히 말하는, 하이힐을 아파하지 않고 편하게 신을 수 있는 커리어 우먼의 삶을 그릴 상상력이 없었다. 20살의 나에게 10년 후는 멀게만 느껴졌고 오지 않을 시간 같았다. 기껏해야 다음

학기 무슨 과목을 들을지, 내년에 여행을 어디로 가고 어떤 자격증을 취득할지 정도였다.

시간이 지날수록 내다볼 수 있는 시간도 3년, 5년으로 점점 늘어났지만 30대에도 진로 고민은 항상 있다. '나만 이런 건가? 내가 좀 문제 있나? 나는 이 일을 좋아서 하는 걸까 잘해서 하는 걸까?' 하는 복잡한 생각은 꼬리에 꼬리를 물고 어느새 유년 시절의 기억과 생애 최초의 기억까지 당도한다. '생각이 짧아서일까? 혹시 그건 어릴 때 책을 읽지 않았기 때문일까? 그때 엄마가 전집 사 줬을 때 읽을걸….'

생각이 많고 마음이 복잡한 가을에는 단순노동을 한다. 가을이 시작되었음을 알려주는 청유자를 구입해 껍질을 하나하나 얇게 떠내고 곱게 다져 고추와 소금을 버무려 만드는 유즈코쇼. 추석 시즌에 가장 맛있는 밤을 불리고 벗기고 불리고 조리기를 반복하여 깨지지 않게 조심조심 정성스럽게 만든 보늬밤. 어지러운 머릿속을 깨끗하게 만드는 연례행사이다. 천천히 익어가는 유즈코쇼와 보늬밤을 보며, '초조해하지 말자. 서두르지 말자.' 다가올 미래도 중요하지만 지금 이 시간도 중요한 때임을 상기한다.

　대학 졸업 후 취업 시즌까지 한 달의 시간이 있어 막무가
내로 제주도로 떠났다. 아무 계획 없이 떠난 제주도에서 처음
으로 내일을 준비하는 삶이 아니라 오늘 하루를 살아가는 삶
을 살았다. 오늘의 날씨, 오늘의 기분, 오늘 만난 사람들에게
집중했다. 내일을 위해 오늘 무언가를 해야 한다는 무게를 덜
어내니 마음이 편했다. 고등학생 때는 대학에 가는 것, 대학에
서는 장학금을 받는 것, 미국에 가는 것, 취업하는 것처럼 매
년 성취해야 하는 목표가 있었다. 그 깃발을 빨리 뽑는 것에
성취감을 느끼며 살았지만, 그때도 미래에 대한 막연한 불안
감은 있었다.

　'대학 생활 4년이 지나고 나면 난 무엇을 할 수 있을까?'
열심히 뛰어서 깃발을 뽑긴 뽑았는데, 나는 어떤 성장을 이뤄
낸 것일까? 제주도 한 달살이 이후, 깃발을 뽑는 일보다 그 과
정을 더 즐겨 보기로 했다.

　'그래 나는 그렇지. 너무 초조해하지 말자.' 하는 마음을
다지며 만든 유즈코쇼와 보늬밤은 가을부터 준비해 겨울에 완

성되는 사업 계획처럼, 새해를 맞이할 때쯤 그 맛이 무르익는다. 추운 겨울, 따뜻하게 끓여 낸 어묵탕에 유즈코쇼를 살짝 얹어 차가운 속을 달랜다. 3개월간 숙성하여 위스키 향이 더 잘 밴 보늬밤 한 알과 위스키 한 잔으로 지난 1년간 고생한 나를 기념하고 다가올 새해를 위해 용기를 낸다.

(유즈코쇼)

준비물

유리병 200mL 2개
세척용 베이킹소다
감자 필러
핸드믹서 초퍼

재료	조리법

청유자 1kg(껍질 200g)

❶ 재료 준비하기 유리병은 끓는 물에 담가 소독한 뒤 자연 건조한다. 청유자 껍질에 베이킹소다를 문질러 닦는다. 큰 볼에 베이킹소다가 묻은 청유자를 모두 담고, 유자가 잠기도록 물을 붓는다. 30분 후, 흐르는 물에 깨끗이 씻는다.

청양고추 40개
(과육 200g)
청유자 즙 2숟가락
꽃소금 8숟가락

❷ 유즈코쇼 만들기

· 감자 필러로 청유자 껍질을 깎는다. 깎은 껍질을 뒤집어 도마에 눕히고 속에 붙은 하얀 속껍질을 과도로 밀어낸다.

재료   조리법

· 고추는 꼭지를 제거하고 고추씨가 잘 떨어지
도록 도마에 여러 개 올려놓고 손바닥으로 돌
돌 밀어 준다. 고추를 길게 반으로 갈라 고추
씨를 제거하고 다지기 쉽게 3cm 길이로 썬다.

· 핸드믹서 초퍼에 유자 껍질과 풋고추를 따로
다진다. 수분이 없어 초퍼가 잘 돌아가지 않으
면 청유자 즙 2순가락을 넣어 다진다. 다진 재
료에 소금을 섞는다.

❸ **병에 담기** 소독한 유리병에 유즈코쇼를 담고
실온에서 2일, 냉장고에서 1~3개월 숙성한다.

자취 요리 TIP

- 청유자는 9월 중순, 추석 시즌에 무르익는다. 여름 끝자락, 이른 시기에 청유자를 주문했다가 너무 작은 알맹이를 받은 경험이 있다. 예약 주문을 받는 농부님들의 인스타그램이나 네이버 스토어를 활용하면 실패 없이 실한 청유자를 구입할 수 있다.
- 청유자 청 1kg을 구입하여 씨와 속껍질을 손질하면 껍질 200g, 과육 500g 정도가 남는다. 유즈코쇼를 만들 때 유자 껍질과 고추의 무게 비율은 대개 1:1 정도인데, 매운 음식을 잘 못 먹는다면 유자 껍질(3):고추(2)로 만들어도 좋다.

청유자 과육을 활용한, 청유자 청과 하이볼 만드는 법

- 남은 청유자 과육으로 청유자 청을 만든다. 과육에 씨를 제거하고 편한 방법으로 슬라이스한다. 동일한 양의 설탕을 버무려 청을 만드는데, 개인적으로 꿀을 섞어 만든 청을 좋아한다.(과육 500g, 설탕 200g, 꿀 200g)
- 청유자 청은 유자향이 강하지 않기 때문에 위스키와 섞어 하이볼로 마셔도 맛있다.(청유자 청 3숟가락, 위스키 3숟가락, 얼음, 스파클링워터)

(어묵탕)

재료(2인분)	조리법

무 4cm
대파 ½대
쑥갓 5줄기
모듬 어묵 400g

물 4.5종이컵
연두 2숟가락

유즈코쇼

❶ **재료 손질하기** 무는 2cm 두께로 썰어 껍질을 제거하고 대파는 손가락 길이로 썬다. 쑥갓의 두꺼운 줄기는 대파 길이로 썰고 잎은 따로 모아 놓는다. 넓적한 사각 어묵은 꼬치에 꿴다.

❷ **어묵탕 끓이기** 분량의 물에 연두와 무를 넣고 한소끔 끓인다. 물이 끓으면 뚜껑을 비스듬히 덮어 중약불에서 30분 끓인다. 무가 투명하게 속까지 푹 익으면 어묵과 대파, 쑥갓 줄기를 넣고 중불에서 5분 끓인다.

❸ **그릇에 담기** 어묵탕 냄비에 쑥갓 잎을 담아낸다. 먹을 때는 유즈코쇼를 무와 어묵에 조금씩 얹어 먹는다.

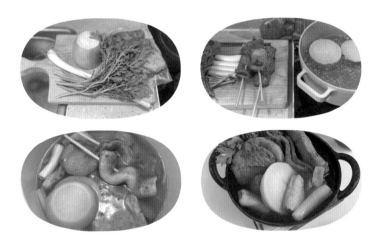

자취 요리 TIP

- 유즈코쇼는 와사비를 얹어 먹는 모든 음식에 대체로 잘 어울린다. 닭다
  리살 구이, 삼겹살, 회, 석화찜 등에 특히 잘 어울리며, 메밀 면에 쯔유 1
  숟가락, 유즈코쇼 ⅓숟가락을 섞어 비벼 먹어도 좋다.

착착 꾸려지는 사업 계획처럼 내 진로 계획도 척척 그려지면

좋으련만, 사업 계획 시기가 다가올수록 괜스레 마음이 복잡하다.

(보늬밤)

재료	조리법

밤 60개(800g)

❶ 첫째 날, 오후 8시 밤껍질이 쉽게 벗겨지도록, 물에 1시간 불린다.

❷ 첫째 날, 오후 9시 껍질이 두꺼운 밤의 밑동에 첫 칼집을 넣어 밤의 겉껍질을 제거한다. 이때 속껍질에 상처가 나서 밤의 노란 속살이 보이면 조리 중에 밤이 쉽게 깨지니, 주의한다.

식소다 1숟가락

❸ 첫째 날, 오후 10시 넓은 냄비에 깐 밤과 식소다를 넣고 밤이 잠길 정도로 물을 붓는다. 뚜껑을 덮어 12시간 불린다.

❹ 둘째 날, 오전 10시 밤과 식소다 물이 담겨 있는 냄비를 불 위에 그대로 올려 중불에서 한소끔 끓인다. 뚜껑을 비스듬히 덮은 뒤, 중약불에서 30분 가열한다. 식소다 물을 버리고 깨끗한 물을 받아 뚜껑을 덮고 30분 더 삶는다.

❺ 둘째 날, 오전 11시 삶은 밤을 체에 걸러 찬물로 씻어 낸다. 과도나 이쑤시개로 밤의 밑동부터 꼭지까지 뻗어 있는 질긴 심지를 제거한다.

재료

조리법

백설탕 3.3종이컵(500g) ❻
양조간장 1숟가락
위스키 2숟가락

둘째 날, 오전 11시 30분 냄비에 손질한 밤을 넣고 밤과 동일한 무게의 설탕을 넣는다. 밤이 잠길 정도로 물을 부어, 뚜껑을 열고 약불에서 40분 조린다. 마지막으로 간장과 위스키를 넣어 섞고 유리병 2병(바로 먹을 것, 새해에 먹을 것)에 담아 보관한다.

자취 요리 TIP

- 전골냄비(넓고 얕은 냄비)를 사용하는 것이 좋다. 좁고 깊은 냄비를 선택하면 불과 맞닿은 아래쪽 밤은 너무 푹 익어 버리고 위쪽 밤은 설익는다. 또 익기 정도를 맞추기 위해 밤을 뒤적이면 밤이 쉽게 깨져 버린다. 최대한 밤이 덜 상하도록 넓고 얕은 냄비를 추천한다.
- 보늬밤을 위해 위스키를 구입할 예정이라면 '잭다니엘스 허니' 위스키를 추천한다. 위스키의 꿀 향이 보늬밤과 잘 어울린다.
- 보늬밤을 더 맛있게 먹는 방법은 브라타 치즈에 보늬밤을 올리고 올리브오일과 후춧가루를 뿌려 먹거나 크로플이나 백설기, 아이스크림에 곁들여 먹는 방법이 있다.

비 오는 주말을 보내는 방법

(애호박새우 냉만둣국)

(육전과 오이무침)

장마가 시작됐다. 벌써 서른두 번째 맞이하는 장마인데, 매년 다른 이름으로 다가오는 태풍처럼 새롭다. 장마철이 되면 직장인들은 경력만큼이나 노련한 대처를 보여 준다. 축 늘어지기 쉬운 앞머리를 위해 헤어 롤을 챙기고 최대한 밑창이 두꺼운 신발을 신는다. 흰색 또는 벨벳 소재의 운동화는 절대 금물이다. 대중교통을 이용하는 사람이 평소보다 많을 테니, 출근 시간을 조정하거나 미리 연차나 재택을 신청한다.

올해는 역대급으로 강한 태풍, 힌남노가 왔는데도 지하철은 출근하는 사람들로 가득 찼다. 세상이 좀비 월드가 되어도 소총이나 야구방망이를 들고 출근할 것이라는 K-직장인에 대한 말이 일리 있음을 체감했다. 그런데 왜 나는 이 축축한 기운이 맴도는 지하철과 버스가 좀처럼 익숙해지지 않는지 모르겠다. 장마 시즌, 월요일부터 금요일은 덥고 습한 불쾌감으로 하루를 시작한다. 그렇게 눅눅한 한 주를 보내면 주말이 더욱 달다.

비 오는 주말, 에어컨이 빵빵하게 나오는 나의 자취 집에서 두꺼운 이불을 덮고 맥주를 홀짝이며 좀비 드라마를 보다가 어둑해질 때쯤 생생우동을 끓여 먹는다. 생각만 해도 포근한 이런 주말도 좋지만 가끔은 회사 일에 치여 만나지 못한 친구와 함께 보내는 주말이 그립다. 푹푹 찌고 끈적이는 여름과 습한 장마를 뒤로하고 이런 만남을 가능하게 하는 방법은 나의 소소하지만 작은 공간으로 친구들을 초대하여 함께 맛있는 음식을 만들어 먹는 것이다.

대학 때 유난히 만두를 좋아했던 친구를 중심으로 1년에 한 번씩 모여 만두를 빚어 먹었다. 그 계기로 나는 직장 생활을 하는 중에도 종종 '만두 Day'를 즐긴다. 특히 밖에 나가기 싫은 장마철에! 처음에는 다진 고기, 두부, 부추, 당면, 대파, 마늘, 김치 등 다양한 재료가 듬뿍 들어간 만두를 좋아했지만, 친구들과 맥주 한잔하며 이런저런 얘기를 하기엔 할 일이 너무 많다. 요즘에는 새우 살, 두부, 애호박처럼 두세 가지 재료로 간단하게 만두를 만든다. 애호박 대신 계절에 따라 냉이나 달래를 넣어 다양한 버전의 만두를 만들 수도 있다.

배달 음식을 시킬 수도 있지만, 음식을 직접 만들어 먹는 수고와 정성이 우리의 시간을 더욱 특별하게 만든다. 직접 만든 만두는 구워 먹고, 쪄 먹고, 끓여 먹고 남으면 각자 집으로 조금씩 가져가 냉동해 두었다가 라면에 넣어 먹는다. 개성 넘치는 만두 모양을 보며 우리의 짧았던 만남을 일주일 후에도 한 달 후에도 다시 느낄 수 있다.

육전을 만들어 먹기 시작한 것도 '만두 Day'를 같이 하던 친구들과 함께였다. '전과 튀김은 만들자마자 주워 먹는 게 제일 맛있지.'라며 떠들다가 그다음 만남 때 우리는 바로 실행에 옮겼다. 전과 튀김을 생각하면 명절날 고생하는 엄마의 손길이 떠올라 막연히 어려울 것 같지만, 소고기 밑 준비, 오이무침, 조리 세팅 등 각자 역할을 부여하면 힘들지 않게 준비할 수 있다.

음식을 직접 만들어 먹으면, 예상하지 못했던 요깃거리가 많다. 소고기 손질을 하다 나온 자투리 살을 육사시미로 참기름 장(맛소금 필수)에 찍어 먹거나 냉장고에 있는 채소를 털어 추가로 전을 부쳐 먹는다. 애호박전, 배추전 등 기대하지 않았던 음식이 만들어지는 재미가 있다.

요리를 좋아하는 사람들이 모인, 조리학과의 실습 종강 파티는 대개 포트럭 파티 형식이었다. 수업 마지막 날 실습실 냉장고, 냉동고를 청소하고 남은 재료를 모두 꺼내, 각자 한 사람씩 재료를 쥐어 준다. "홍합으로 네가 홍합탕, 정육 닭으로는 네가 닭볶음탕, 쪽파로 해물파전. 오늘 7시까지 누구네 집에서 모입시다." 하면 그 시간까지 각자 할당된 음식을 만들어 모이는 형식이었다. 실습수업이 3주마다 1번씩, 1학기에 4번, 1년이면 8번의 실습과 종강 파티가 있었던 셈이니(방학과 오전, 오후까지 계산하면 사실 더 많다), 실습 수업을 풀로 채워 듣지 않더라도 4학년이 되면 다들 웬만한 포차 이모님 저리 가라 하는 안주 요리의 대가가 되어 있었다. 나는 지금까지도 모이면 각자 준비한 음식을 나눠 먹고 그간 어떻게 지냈는지 일상을 나누는 모임을 꽤 많이 하고 있다. 사람이 모이는 곳에 음식이 빠질 순 없다. 대화의 8할이 먹고 마시는 이야기이기 때문에 직접 만든 음식을 곁들이면 그 시간이 몇 배는 즐겁다.

(애호박새우 냉만둣국)

재료	조리법

❶ 만두소 만들기

애호박 ½개
꽃소금 5꼬집
새우살 중하 20마리
두부 ¼모(75g)
대파 ½대
꽃소금 2꼬집
참기름 0.5순가락
후춧가루 약간

· 애호박은 0.3cm 두께로 채 썰고 꽃소금을 버무려 10분 이상 절인다. 애호박이 다 절여지면 젖은 면포로 물기를 짜낸다. 면포가 없다면 빨아 쓰는 키친타월을 사용해도 좋다.

· 새우는 탱글탱글한 식감이 살아 있도록 칼로 다진다. 핸드믹서 초퍼를 활용해도 좋다.

· 두부는 칼 옆면으로 으깬 후 젖은 면포로 물기를 짜낸다. 대파는 길게 십자 모양으로 4등분한 뒤 송송 썬다. 볼에 손질한 애호박, 새우, 두부, 대파를 넣고 꽃소금, 참기름, 후춧가루로 양념한다.

재료	조리법

❷ 만두 빚기

만두피(중) 370g
물 약간

· 만두피에 만두소를 적당히 넣고 만두피 끝부분에 물을 묻혀 만두피가 서로 잘 붙도록 한다. 각자 개성 있는 만두를 빚는다. 군만두용으로는 납작만두나 강원도 만두 모양이 좋다.

❸ 만두 삶기

· 큰 냄비에 물을 끓인다. 만두를 끓는 물에 넣고 만두가 냄비 바닥에 가라앉지 않도록 끝이 뭉툭한 나무 수저로 천천히 저어 가며 삶는다. 만두가 수면 위로 떠오르면 그대로 만두피가 투명해질 때까지 4~5분 더 끓인다. 만두의 크기에 따라 끓이는 시간을 가감한다.

∴

재료	조리법

❹ 냉만둣국 만들기 ·

냉면 육수 1팩(330mL)
쌈무 또는 백오이
꽃소금
얼음

냉면 육수는 차갑게 보관해 놓는다. 익은 만두를 흐르는 찬물에 충분히 식힌다. 고명으로 사용할 쌈무를 2cm 두께로 썬다. 오이는 0.2cm 두께의 원형으로 썬 뒤, 꽃소금에 10분 절인다. 젖은 면포로 물기를 짜낸다. 그릇에 차가운 만두와 쌈무, 오이절임을 담고 차가운 냉면 육수를 따른다. 얼음을 몇 알 띄운다.

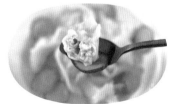

대화의 8할이 먹고 마시는 이야기이기 때문에

직접 만든 음식을 곁들이면 그 시간이 몇 배는 즐겁다.

자취 요리 TIP

- 새우는 중하 또는 냉동 새우살을 구입한다. 껍질이 붙어 있는 원형 그대로의 새우를 구입하게 되면, 손질한 새우 머리로 비스큐 소스를 만들 수 있고 남은 새우살은 냉동해 두었다가 파스타나 새우튀김을 만들 수 있다. 새우 손질법은 P.249를 참고한다.
- 만두피는 속까지 차갑게 식혀야 하는 냉만둣국을 위해 중간 사이즈로 구입한다. 군만두를 만들어 먹을 계획이라면 왕만두피를 구입힌다.
- 두부나 절인 채소의 물기를 짤 때는 마른 면포가 아닌, 물에 젖은 면포를 사용한다. 마른 면포를 사용하면 재료의 수분과 함께 으스러진 재료가 면포에 눌어붙어 많은 양의 재료가 버려진다. 물에 젖은 면포에는 재료가 붙지 않고 물기만 잘 제거된다. 만두를 찔 때도 마찬가지다. 마른 면포를 깔면 찐 만두가 면포에 달라붙는다. 젖은 면포를 깔아야 만두가 찢어지지 않고 잘 떨어진다.

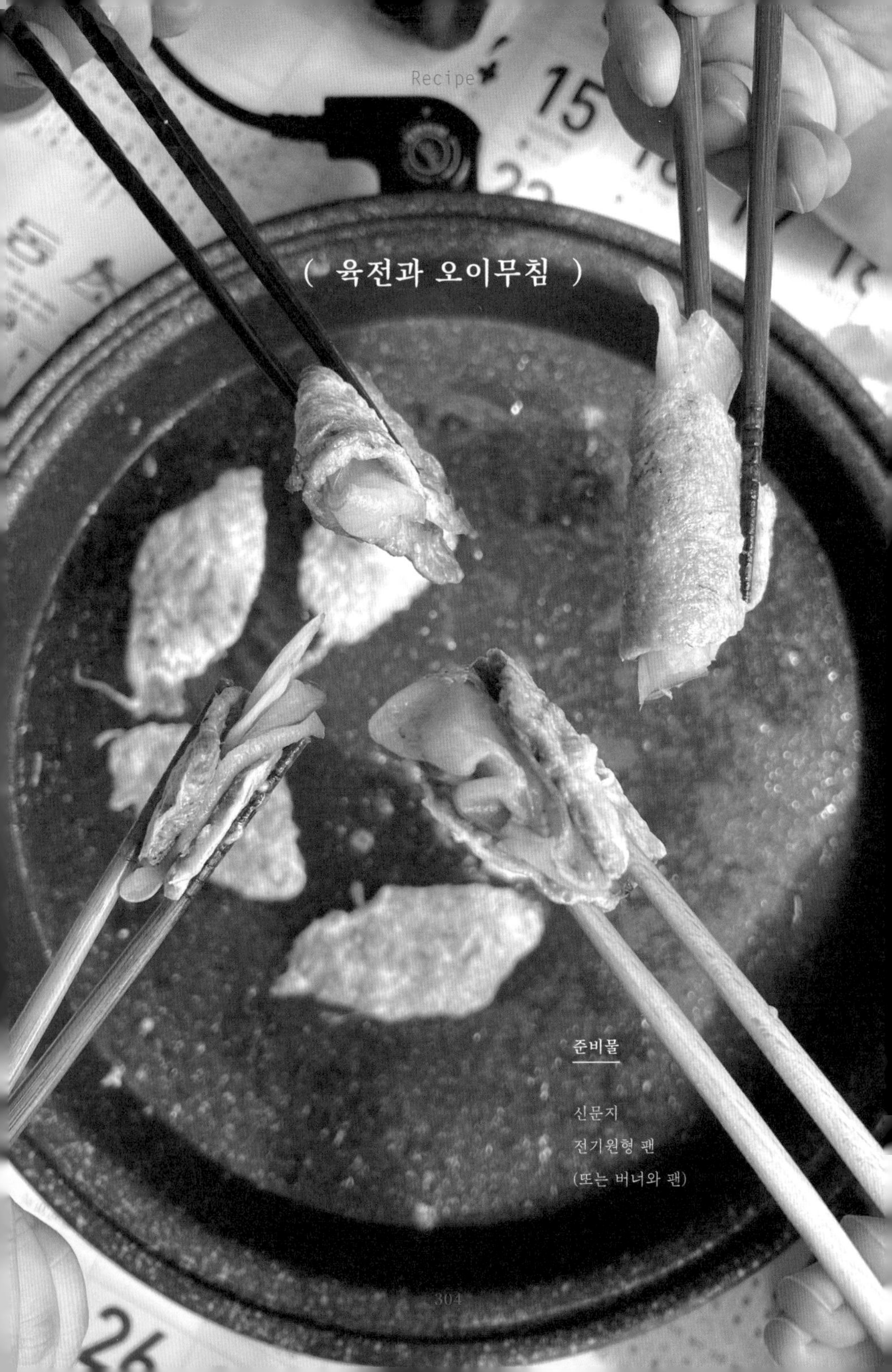

(육전과 오이무침)

준비물

신문지
전기원형 팬
(또는 버너와 팬)

재료(4인분)	조리법

소고기 홍두깨살
(1.8~2.0mm) 1근
맛소금 약간
후춧가루 약간
밀가루 1종이컵

❶ **소고기 손질하기** 키친타월을 한 장 뜯어 그 위로 소고기 1~2장을 올린다. 맛소금과 후춧가루를 뿌려 밑간을 한다. 그 위에 키친타월과 소고기를 올리는 과정을 반복한다. 소고기 핏물이 제거되면 한 장씩 때 내어 밀가루를 묻힌다. 핏물이 잘 제거되었기 때문에 밀가루 묻힌 소고기를 조금씩 겹쳐 놓아도 서로 붙지 않는다.

백오이 2개
대파 ¼대
양념 재료:
설탕 2순가락
깨소금 1순가락
연두 2순가락
양조식초 3순가락

❷ **오이무침 만들기** 백오이를 깨끗이 씻어 감자 필러로 길고 얇게 썬다. 대파도 얇고 길게 어슷 썬다. 볼에 백오이와 대파, 분량의 양념 재료를 넣어 무친다.

재료(4인분)   조리법

식용유
계란 5개

❸ **육전 부치기** 팬을 예열한 뒤 식용유를 두른
다. 계란은 넓적한 그릇에 풀어 놓는다. 밀가
루 묻힌 소고기를 계란 물에 담근 뒤 팬에 앞
뒤로 지진다. 노릇한 육전에 오이무침을 곁들
여 먹는다.

자취 요리 TIP

- 홍두깨살은 지방질이 적어 장조림으로 친숙한 부위인데, 얇게 썰면 쫄
  깃하면서도 부드러운 식감이 굉장히 좋다. 육전은 수입산으로도 맛있
  게 만들 수 있다. 다만, 소 누린내에 약하다면 호주산보다 미국산을 구
  입한다.
- 오이는 취향에 따라, 청오이 또는 백오이를 구입한다. 청오이는 양념
  을 잘 흡수하여, 질긴 껍질을 제거하면 양념이 잘 밴 무침을 만들 수 있
  다. 백오이는 수분량이 많아 시간이 지나면 간이 싱거워질 수 있지만,
  껍질이 연하고 풋풋한 과일 향이 싱그러워 개인적으로 백오이를 더 선
  호한다.
- 간이 싱거우면 초간장(간장 2숟가락, 설탕 1숟가락, 식초 1숟가락)을 곁들
  인다.

음식을 직접 만들어 먹는 수고와 정성이 우리의 시간을
더욱 특별하게 만든다.

천천히 오래

(라구파스타)

(에이징 오리스테이크)

영화 〈가장 따뜻한 색, 블루〉에서 10대 고교생, 아델은 가족들과 볼로네제 파스타를 게걸스럽게 먹는다. 칸 영화제에서 두 명의 주연배우와 감독에게 황금 종려상을 수여해 화제가 된 이 영화는 레즈비언 커플의 사랑 이야기로 많은 관객에게 강렬한 인상을 남겼다. 그리고 나에게는 볼로네제 먹방으로 강렬한 인상을 남겼다. 두툼한 볼로네제 파스타를 커다란 냄비에서 접시로 담아내는 모습부터 싸구려 레드와인을 곁들이는 모습까지 장면 하나하나 생생하게 기억난다.

고기가 듬뿍 들어간 라구 소스는 남녀노소를 가리지 않고 누구나 좋아하는 음식이다. 매운 음식을 잘 못 먹는 우리 할아버지도, 구수한 강원도식 밥상을 좋아하는 아빠도, 기름진 음식을 싫어하는 엄마도. 그런 이유로 가족이 모이는 날에는 걸쭉한 볼로냐식 라구 소스를 자주 만들었다.

라구 소스는 고기를 베이스로 만든 이태리 소스이다. 소고기, 돼지고기 외에도 구안칠레(돼지 지방을 염장한 것), 프로슈토와 같이 염장한 고기를 함께 넣어 고기 향을 진하게 만든 것이 특징이다.

맛있는 라구 소스를 만들기 위해서 좋은 고기와 향신료를 선택하는 것도 중요하지만, 꾀부리지 않고 고기와 채소의 수분이 날아가도록 천천히 볶아 주는 것이 가장 중요하다. 처음 넣은 고기의 양이 반으로 줄어들 때까지, 중간에 더한 채소의 양이 또 반으로 줄어들 때까지 정성 들여 볶아 최대한 진한 풍미를 만든다.

에이징 오리스테이크도 마찬가지이다. 촉촉한 오리 가슴살을 냉장고에서 5~7일간 말린다. 숙성된 오리는 겉으로 보기에 육포처럼 질겨 보이지만 고기 안쪽은 자가 효소로 분해되어 촉촉한 가슴살보다 더욱 부드럽다. 단백질 분해로 아미노산 같은 지미 성분도 생성되어 더욱 진하고 깊은 육 향과 감칠맛을 느낄 수 있다. 결과를 기다리는 시간이 지루하고 걱정이 되지만 기대하는 마음으로 정성을 들이면 달콤한 맛이 만들어진다.

일을 잘하는 선배들을 자세히 보면 항상 마음의 여유가 있다. 후임이 일을 그르치더라도 수습이 가능한 능력에서 나오는 여유일까? 아니면 경험이 많아서 마음이 단단해진 것일까? 사실은 선배도 마음이 조급한데, 애써 웃어 보이는 것일지도 모른다. 이런 선배들의 자세를 본받아, 나도 마음의 여유를 늘리기 위해 노력하고 있다. 상대의 말을 끝까지 들을 수 있는 여유, 섣부른 결정과 판단을 하지 않는 여유. 하지만 나의 노력에도 불구하고, 요즘에는 유난히 등골이 서늘하고 마음이 조급해지는 순간들이 많다.

경기 침체로 직장이 휘청이는 상황이 많았기 때문이다. 우리 회사만 그런 것도 아닌 게, 더 이상 출혈 경쟁을 이어가기 어려운 작은 기업들의 서비스 종료 소식이 끊이지 않았고 스타트업을 다니는 지인이 실직자가 되었다는 소리가 여기저기서 들려왔다. 회사 일로 마음이 조급했던 어느 날, 23년 직장 생활을 하고 계시는 아빠에게 전화가 왔다.

"그럼, 나랑 유럽 여행이나 가."

태평하게 말했다. "내가 지금 이런 상황인데 아빠는 걱정도 안 돼?"라고 성내자 아빠는 "조급해하지 마. 뭐 당장 내일 죽을 것도 아닌데, 조급하면 될 것도 안 된다."라고 말했다. 아빠 말이 맞다. 당장 내일 죽을 것도 아니라 생각하니 서두를 게 없었다. 해왔던 것처럼 묵묵히 그리고 열심히 오늘을 살아 내면 된다. 그렇게 쌓인 시간은 분명 나를 단단하게 만들어, 좋은 곳으로 인도해 줄 것이다. 아, 천천히 오래 즐거운 일을 하고 싶다.

(라구파스타)

재료

양파 1개
당근 ½개
샐러리 1줄기
베이컨 100g
토마토 1개

올리브오일 3숟가락
소고기 다짐육 250g
월계수 잎 2장
건타임 1숟가락
로즈메리 2줄기*
꽃소금 ¼숟가락
토마토 페이스트 100g
물 1종이컵
연두 2숟가락
버터 1숟가락
통후추 간 것 넉넉히

조리법

❶ **재료 손질하기** 양파, 당근, 샐러리, 베이컨을 사방 0.5cm 크기로 다진다. 토마토는 1cm 사이즈로 깍둑 썬다.

❷ **라구 소스 만들기**(5인분)
· 냄비에 올리브오일을 두르고 양파, 당근, 샐러리를 중불에서 15분, 부피가 처음의 반으로 줄어들 때까지 볶는다.
· 다진 소고기와 베이컨, 허브(월계수 잎, 타임, 로즈메리), 꽃소금을 넣고 다시 부피가 반으로 줄어들 때까지 15분 더 볶는다. 바닥을 긁었을 때 고기 즙이 흘러나오지 않도록 드라이하게 볶는다.
· 토마토와 토마토 페이스트를 넣어 토마토가 뭉그러질 때까지 5분 더 볶는다.
· 물과 연두를 넣어 걸죽한 농도로 조린다. 마지막에 버터와 통후추를 갈아 넣어 향미를 더한다.

재료

조리법

물 4.5종이컵
소금 1숟가락
카사레체 1인분
올리브오일 1숟가락
라구 소스 ⅕분량

❸ **라구파스타 만들기** 냄비에 물과 소금을 넣고 끓으면 카사레체를 9분 삶는다. 짜파게티를 끓이듯이 면수를 조금만 남기고 버린 뒤, 올리브오일과 라구 소스를 넣어 볶듯이 버무린다.

파마산 치즈

❹ **그릇에 담기** 접시에 파스타를 담고 파마산 치즈를 뿌린다.

자취 요리 TIP

- 딱딱해서 먹지 못한 파마산 치즈 껍질을 냉동해 두었다가, 라구 소스를 끓일 때 한 조각 넣으면 소스 풍미가 더욱 깊어진다.
- 많은 양의 라구 소스를 만들 때는 채소에서 나온 수분으로 인해, 고기가 드라이하게 볶이지 않고 조려질 수 있어 재료를 나눠 투입한다. 적은 양의 라구 소스를 만들 때는 고기와 채소를 한꺼번에 넣고 볶아도 좋다.
- 라구 소스도 비스큐처럼 한 번에 많이 만들어 병에 넣어 두면 퇴근 후, 빠르게 파스타나 리소또, 라자냐 등 다양한 요리로 즐길 수 있다. 소스에 크림을 더해 로제 맛으로 만들어도 좋다.

(에이징 오리스테이크)

준비물

석쇠(튀김 망)
소독용 알코올
분무기
종이 포일

재료	조리법

오리 가슴살 1개

❶ **냉장 숙성하기** 분무기에 소독용 알코올을 채워, 냉장고 가장 위 칸과 석쇠, 오리 가슴살이 담겨 있던 용기를 깨끗이 소독한다. 오리 가슴살이 담겨 있던 용기에 석쇠를 올리고 오리 껍질이 위를 보도록 놓는다. 냉장고에서 5일 숙성한다. 이때 냉장고에 오리 냄새가 밸 수 있어 아래 칸에 원두 찌꺼기를 놓는다.

컬리플라워 ½개
감자 ¼개
마늘 1개
우유 ½종이컵
꽃소금 5꼬집

❷ **컬리플라워 퓌레 만들기** 컬리플라워는 깨끗이 씻어 1cm 두께로 썬다. 감자는 껍질을 벗기고 깨끗이 씻어 0.5cm 두께로 나박 썬다. 냄비에 컬리플라워, 감자, 마늘, 우유를 넣고 중불에서 10분 끓인다. 컬리플라워가 부서질 정도로 익으면 핸드믹서로 1분 이상 곱게 간다. 마지막에 꽃소금 간을 한다.

재료

조리법

소금 3꼬집
버터 1숟가락
로즈메리 1줄기

❸ 오리 굽기

· 냉장 숙성이 완료된 오리는 껍질에 0.5cm 간
격으로 칼집을 넣는다. 오리 양면에 소금 간
을 한다.

· 예열하지 않은 팬에 오리 가슴살을 껍질이 팬에
닿도록 놓고 중약불에서 15분, 천천히 가열한
다. 오리 지방이 녹으면서 껍질이 노릇하게 익
으면 오리를 뒤집는다. 버터와 로즈메리를 넣
고 아로제(Arroser, 기름을 고기 위에 끼얹는 것)하며
2분 동안 굽는다.

· 구운 오리는 접시나 도마에 놓고 종이 포일을
덮어 10분 레스팅(Resting) 한다.

재료

설탕 1숟가락
화이트와인 식초 1숟가락
치킨스톡 ½종이컵
레드와인 3숟가락
오렌지 마멀레이드
2숟가락
소금

처빌*
핑크페퍼*

조리법

❹ **소스 만들기** 오리를 구웠던 팬에 기름을 덜어
내고 설탕과 화이트와인 식초를 넣어 캐러멜라
이징 한다. 설탕이 브라운 색상을 내면서 끓으
면 치킨스톡과 레드와인을 넣고 ⅓의 양만 남
도록 조린다. 오렌지 마멀레이드를 섞어 농도
를 내고 마지막에 소금 간을 한다.

❺ **그릇에 담기** 레스팅이 완료된 오리는 지방이
뭉친 부분을 정리하고 길게 반으로 자른다. 그
릇에 오리 가슴살과 컬리플라워 퓌레를 담고
소스를 한쪽으로 따른다. 가니쉬로 처빌과 핑
크페퍼를 뿌린다.

결과를 기다리는 시간이 지루하고 걱정이 되지만
기대하는 마음으로 정성을 들이면 달콤한 맛이
만들어진다.

자취 요리 TIP

- 아로제는 고기나 생선을 구울 때 팬에 있는 기름을 고기에 뿌려 주는 것으로 프랑스 요리 스킬 중 하나이다. 고기를 구울 때 각종 허브나 버터를 넣어 굽는데, 기름에 녹은 향미를 재료 위로 끼얹어 그 맛이 다시 스며들도록 한다. 또, 팬에 닿은 면을 굽는 동안, 반대쪽 윗면은 공기 중에 노출되어 건조해지거나 눅눅해질 수 있다. 아로제는 고기의 수분이 날아가지 않도록 하며 때로는 바삭함을 유지해 주는 역할을 한다.
- 고기를 뜨거운 팬에 가열하면 고기 단백질(근섬유)은 수축한다. 가열되면서 수축한 근섬유를 이완시키고 손실되었던 육즙을 다시 이완된 근섬유 속으로 흡수시켜 보다 풍부한 육즙을 느낄 수 있도록 하는 과정이 레스팅이다.

고독한 직장인의 자취 요리기

feat. 1평 좁은 주방

초판 1쇄 인쇄 2023년 3월 16일
초판 1쇄 발행 2023년 3월 24일

지은이 한태희

펴낸이 이준경
편집장 이찬희
책임편집 김경은 편집 김아영
책임디자인 정미정 디자인 이윤
마케팅 이수련, 고유림
펴낸곳 지콜론북

출판 등록 2011년 1월 6일 제406-2011-000003호
주소 경기도 파주시 문발로 242 3층
전화 031-955-4955 팩스 031-955-4959
홈페이지 www.gcolon.co.kr 트위터 @g_colon
페이스북 /gcolonbook 인스타그램 @g_colonbook

ISBN 979-11-91059-39-7(13590)
값 21,000원